Sebastian Martens
Leitfaden für die juristische Promotion
De Gruyter Studium

Sebastian Martens

Leitfaden für die juristische Promotion

Themenfindung – Methodik – Veröffentlichung

2. Auflage

DE GRUYTER

Dr. Sebastian A.E. Martens,
Professor an der Universität Passau, Lehrstuhl für Bürgerliches Recht, Römisches Recht, Europäisches Privatrecht und Europäische Rechtsgeschichte

ISBN 978-3-11-099756-9
e-ISBN (PDF) 978-3-11-098641-9
e-ISBN (EPUB) 978-3-11-098650-1

Library of Congress Control Number: 2023936609

Bibliografische Information der Deutschen Nationalbibliothek
Die Deutsche Nationalbibliothek verzeichnet diese Publikation in der Deutschen Nationalbibliografie; detaillierte bibliografische Daten sind im Internet über http://dnb.dnb.de abrufbar.

© 2023 Walter de Gruyter GmbH, Berlin/Boston
Umschlagabbildung: -Antonio- / E+ / getty images
Druck und Bindung: CPI books GmbH, Leck

www.degruyter.com

Der Prinzessin, dem Pinzen und der Pinzette!

Vorwort

Dieser Leitfaden ist auch in der zweiten Auflage ein Buch, das ich selbst während meiner Promotion gerne gelesen hätte. Auf viele der hier behandelten Fragen habe ich damals in den einschlägigen Ratgebern keine Antworten gefunden und mir nur selbst mehr oder weniger befriedigende Lösungen entwickeln müssen. Seitdem habe ich über diese Fragen weiter nachgedacht. Das Ergebnis meiner Reflektionen findet sich in diesem Buch. Zudem sind meine Erfahrungen aus der Betreuung, Begutachtung und Begleitung vieler anderer Doktorarbeiten eingeflossen. Eine Reihe von Problemen taucht immer wieder auf. Die Lösungen sind manchmal naheliegend, manchmal schwer zu finden, ganz allgemein aber schlecht dokumentiert. So ist es oft Zufall, ob eine Doktormutter oder ein Doktorvater ihr oder sein diesbezügliches Geheimwissen weitergibt oder ob der Doktorand sich seine eigene Promotionsmethodik erarbeiten muss. Wissenschaftlicher Fortschritt ist indes unmöglich, wenn Wissen nicht systematisch tradiert wird und so über Generationen verfeinert werden kann. Insofern ist dieser Leitfaden auch Teil eines größeren Forschungsprojekts, das der Methodik der juristischen Wissenschaft gewidmet ist. Nur knapp behandelt werden vor allem formal-technische Fragen, wie etwa Zitierregeln oder die korrekte Gestaltung von Fußnoten und eines Literaturverzeichnisses. Hierzu gibt es bereits zahlreiche Anleitungen, auf die ich an den einschlägigen Stellen nur verweise, da ich ihren Inhalten nichts hinzufügen kann.

Dieser Leitfaden ist ursprünglich während der Promotion meiner Frau entstanden und basierte auf unser beider Erfahrungen und gemeinsamen Diskussionen. Wir haben auch nach Veröffentlichung der ersten Auflage weiter über die Probleme reflektiert, die bei einer Promotion auftauchen (können) und zusammen nach Lösungen gesucht, von denen sich einige nun in diesem Buch finden. In Worte und Sätze gefasst habe ich die Gedanken aber alleine und trage daher auch nach wie vor die alleinige Verantwortung für den Text. Sollten Sie Fehler, Lücken oder Ungenauigkeiten entdecken, bitte ich also weiter um Nachsicht und Nachricht an sebastian.martens@uni-passau.de, damit ich in der nächsten Auflage entsprechend nachbessern kann. Und natürlich freue ich mich auch sonst über Anregungen zur Ergänzung und Verbesserung, so dass der Leitfaden (noch) mehr Ihren Interessen und Bedürfnissen entspricht!

München, April 2023   Sebastian Martens

https://doi.org/10.1515/9783110986419-001

Inhalt

I. Einleitung

Wer sich für eine Promotion entschieden hat,[1] der sieht wohl meist eine *long and winding road* vor sich. Hat der Doktortitel seine besondere Aura nicht gerade deshalb, weil der Weg zu ihm kein leichter ist?[2] Tatsächlich mag man durch steiniges und schweres Gelände stolpern, wenn man ohne Plan loszieht. Ordentlich ausgerüstet mit einer verlässlichen Methodik erweist sich der Dissertationspfad aber regelmäßig als gut gangbar, überaus interessant und jeder Anstrengung wert. Dieser kleine Leitfaden soll Ihnen die wichtigsten Punkte auf Ihrem Weg zur erfolgreichen Dissertation zeigen. Und der Erfolg bemisst sich dabei nicht nur am Ergebnis des Doktortitels, sondern es gilt durchaus: Der Weg ist das Ziel und die Zeit, die Sie auf ihm verbringen, kann und soll eine schöne und erfüllte Zeit sein!

Damit Sie Freude an Ihrer Promotion haben und am Ende auch erfolgreich sind, sollten Sie sich zunächst einmal darüber klarwerden, welche Anforderungen Sie genau erfüllen müssen (dazu unter II.). Sodann sollten Sie sich überlegen, ob es sich für Sie wirklich lohnen könnte, sich diesen Anforderungen jetzt zu stellen: Reichen Ihre Gründe für eine Promotion (dazu unter III.)? Ist jetzt der richtige Zeitpunkt, eine Doktorarbeit zu beginnen (dazu unter IV.)? Können Sie beide Fragen mit ja beantworten, dann müssen Sie ein Thema finden (dazu unter V.) und die dafür geeignete Methodik auswählen (dazu unter VI.). Anschließend sollten Sie ein Exposé verfassen, das einen groben Plan für alle weitere Arbeit bilden kann und soll (dazu unter VII.). Nach dem Abschluss aller Vorbereitungen können Sie mit der eigentlichen Forschungsarbeit beginnen (dazu unter VIII.). Besonders wichtig ist dabei die Arbeit an Ihrem Text, d. h. der eigentliche Schreibprozess (dazu unter VIII.3.). Weil Sie mit Ihrer Dissertation überzeugen wollen, sollten Sie sich auch bereits während der Niederschrift möglichst häufig der Diskussion stellen (dazu unter IX.). Da Sie sich nicht alleine promovieren können, sondern darauf angewiesen sind, dass eine Universität das tut, müssen Sie sich auch um die Betreuung Ihrer Arbeit und andere administrative Fragen kümmern (dazu unter X.). Im Wortsinne überlebenswichtig ist die gesicherte Finanzierung Ihrer Arbeit (dazu unter XI.). Trotz aller guten Tipps und Ratschläge, die Ihnen (nicht nur) dieser Leitfaden geben will, werden Sie wahrscheinlich auch Krisen während Ihrer Doktorarbeit bewältigen müssen (dazu unter XII.), bevor Sie endlich das fertige Werk abgeben und in die Begutachtung einreichen können (dazu unter XIII.). Führen dürfen Sie den „Dr. jur." auch nach

---

1 Zu möglichen Gründen für und wider eine Promotion ausführlich unten, III.
2 Vgl. *v. Münch/Mankowski*, Promotion, 4. Aufl. 2013, S. 146 (im Folgenden zitiert: *v. Münch/Mankowski*, Promotion), nach deren Einschätzung die meisten Doktoranden einen „langen, steinigen Weg hinter sich" bringen müssen.

https://doi.org/10.1515/9783110986419-002

bestandener mündlicher Prüfung allerdings erst, wenn Sie Ihr Buch auch veröffentlicht haben (dazu unter XIV.). Dann freilich sollten Sie feiern (dazu gibt es nichts mehr in diesem Buch; ich setze hier ganz auf Ihre Kreativität ;-)

II. Die (rechtlichen) Anforderungen an eine Dissertation

Die Voraussetzungen, die eine erfolgreiche Dissertation erfüllen muss,[3] ergeben sich aus der Promotionsordnung der juristischen Fakultät, an der Sie promovieren wollen.[4] Obwohl sich die Promotionsordnungen im Detail unterscheiden, lassen sich folgende allgemeine Anforderungen feststellen: Die Dissertation muss (1.) selbständig verfasst; (2.) wissenschaftlich; und (3.) eine Leistung sein, die neue Erkenntnisse liefert.[5]

1. Selbständig verfasst

Die Dissertation muss die Fähigkeit des Doktoranden zu selbständiger rechtswissenschaftlicher Forschung bezeugen, wie es etwa § 1 Abs. 3 jurPromO der Universität Greifswald ausdrückt, und die Anforderungen an die Dissertation einer Doktorandin sind nicht geringer.[6] Nach den Seminararbeiten während des Studiums wird die Doktorarbeit wahrscheinlich Ihr erster größerer Text sein, den Sie solchermaßen selbständig verfassen sollen. Die geforderte Selbständigkeit kann befreiend sein gegenüber den Zwängen eines engen, fremdbestimmten Lehrplans

---

3 Knapp *Möllers*, Juristische Arbeitstechnik und wissenschaftliches Arbeiten, 10. Aufl. 2021, § 9 Rn. 3 ff. (im Folgenden zitiert: *Möllers*, Juristische Arbeitstechnik).
4 Einen ausführlichen Überblick über die Promotionsmöglichkeiten in Deutschland und die jeweiligen Voraussetzungen bietet *Brandt*, Dr. jur., S. 179 ff.
5 § 11 Abs. 1 jurPromO der LMU München und § 11 Abs. 1 S. 1 jurPromO Göttingen verlangen zudem, dass die Leistung „beachtenswert" sein muss (ähnlich § 9 Abs. 1 jurPromO Köln); nach § 10 Abs. 1 jurPromO Passau muss die Dissertation für die Veröffentlichung geeignet sein (ähnlich § 13 Abs. 1 S. 1 jurPromO Heidelberg).
6 Die jurPromO der Universität Greifswald verwendet weiter das generische Maskulinum, das seit der Antike gebräuchlich ist (vgl. etwa Dig. 32,62 (Iulian, l.S. de ambig.): „[...] semper sexus masculinus etiam femininum sexum continet"). Zurecht wird kritisiert, dass sich hier die traditionellen patriarchalischen Machtverhältnisse in der Sprache niedergeschlagen haben. Ich glaube indes nicht, dass sich diese leider weiterhin bestehenden Machtverhältnisse durch eine (aufgezwungene) Korrektur der Sprache verändern lassen. Es müssen wohl eher zunächst die Machtverhältnisse geändert werden, denen die Sprache dann nur nachfolgen kann. Sinnvoll ist freilich die Debatte um eine neutrale Sprache schon jetzt und man sollte sich bewusst sein, dass das generische Maskulinum nach wie vor ein Zeichen für die bestehende Diskriminierung von Frauen ist. Im folgenden Text werde ich in diesem Sinne weiter vorwiegend das generische Maskulinum verwenden, aber auch immer wieder einmal die weiblichen Formen benutzen, um so wenigstens ein bisschen zu irritieren und um auf das Problem (wieder) aufmerksam zu machen.

https://doi.org/10.1515/9783110986419-003

während des Studiums. Sie mag gelegentlich aber auch als bedrückend empfunden werden, weil sie ein mehrjähriges Eremitendasein zu fordern scheint. Tatsächlich sind Sie bei der Promotion weder vollkommen frei, noch müssen Sie sich in die Einsamkeit einer Bücherwüste begeben.

Gebunden sind Sie an die Maßstäbe guter wissenschaftlicher Arbeit, die sich im juristischen Diskurs herausgebildet haben und auf die im Weiteren noch ausführlich eingegangen wird. Diese Maßstäbe lassen Ihnen allerdings durchaus große Freiheiten, so dass die Freude am autonomen Forschen nahezu unbegrenzt sein kann. Diese Freude sollten Sie sich auch nicht dadurch trüben lassen, dass Sie Selbständigkeit und Einsamkeit miteinander verwechseln. Die Jurisprudenz ist eine argumentative Wissenschaft. Juristische Aussagen lassen sich nicht durch Experimente veri- oder falsifizieren, sondern müssen ihren Geltungsanspruch stets im juristischen Diskurs behaupten.[7] Selbständig muss Ihre Dissertation insofern sein, als Sie Ihre Argumente und Theorien selbst entwickeln müssen. Hier ist Ihre Kreativität gefordert; Sie dürfen und sollen etwas Neues schaffen!

Gelegentlich wird freilich behauptet, dass Juristen nicht kreativ sein müssten,[8] und wenn man das heute leider häufig stark verschulte Studium überstanden hat, dann kann man durchaus glauben, dass diese Behauptung stimmte. Tatsächlich müssen sowohl Juristen ganz allgemein als auch Rechtswissenschaftlerinnen im Besonderen fortwährend kreative Leistungen erbringen. Juristen verhindern mögliche oder schlichten entstandene Konflikte und müssen in beiden Fällen den Umständen angemessene Lösungen (er-)finden. Das Recht und seine Normen fordern die Kreativität dabei heraus, indem sie sowohl die Mittel bereitstellen, mit denen die Lösungen umgesetzt werden können, als auch die Grenzen bilden, innerhalb derer sich die Lösungen bewegen müssen. Auch Rechtswissenschaftler müssen auf diese Weise kreativ Lösungen für juristische Probleme finden, dürfen sich darüber hinaus aber auch noch diese Probleme selbst ausdenken oder doch zumindest selbst aussuchen und gegebenenfalls nach ihrem eigenen Geschmack umgestalten. In dieser Hinsicht sind der rechtswissenschaftlichen Kreativität praktisch keine Grenzen gesetzt. Man muss lediglich (überzeugend) begründen, dass es sich um ein interessantes juristisches Problem handelt.

Sie müssen und dürfen also beim Promovieren kreativ sein.[9] Freilich wird Ihre Kreativität in der Einsamkeit häufig verkümmern. Argumente entwickelt man am

---

7 Zur Beziehung von Wahrheit und Recht einführend *Röhl/Röhl*, Allgemeine Rechtslehre, 3. Aufl. 2008, S. 79 ff.; für Ansätze etwa *Marmor*, in: Freeman/Smith (Hrsg.), Law and Language, 2013, S. 45 ff.; *Poscher*, ARSP 89 (2003), 200 ff.; sprachphilosophisch zu dem Problem der Wahrheit etwa: *Davidson*, Wahrheit und Interpretation, 2. Aufl. 1994; siehe auch noch unten, VI.3.c).
8 So etwa *Griebel/Schimmel* (Hrsg.), Warum man lieber nicht Jura studieren sollte, 2022, S. 45.
9 So auch *Möllers*, Juristische Arbeitstechnik, § 9 Rn. 3 ff. (S. 203 ff.).

besten in der Diskussion und Theorien bei der Erklärung. Diskussionen mit sich selbst sind aber meist ebenso wenig fruchtbar, wie Erklärungen, die man sich selbst gibt, zu neuem Wissen führen. Es fehlt in beiden Fällen an kritischen Rückfragen, durch welche die Argumente geschärft und die Theorien verfeinert werden. Sie sollten daher Ihre Ideen immer wieder der Kritik aussetzen: Zum einen sollte Ihr Betreuer regelmäßig Abschnitte Ihrer Arbeit lesen und kommentieren. Zum anderen sollten Sie sich aber auch nicht scheuen, Ihre Ideen mit anderen zu diskutieren: mit Ihrem Partner, mit anderen Doktoranden, auf Konferenzen, usw. (dazu noch ausführlich unter IX.).

2. Wissenschaftlich

Ihre Arbeit muss wissenschaftlichen Ansprüchen genügen.[10] Die Promotionsordnungen der juristischen Fakultäten setzen also voraus, dass es so etwas wie eine Recht*swissenschaft* gibt, und auch Sie sollten das nicht bezweifeln, wenn Sie nicht gerade eine rechtsphilosophische oder wissenschaftstheoretische Arbeit über eben diese Frage schreiben wollen.[11] Die Rechtswissenschaften definieren sich, wie alle Wissenschaften, über eine ihnen jeweils gemeinsame Methode.[12] Bewusst ist im vorigen Satz von *den* Rechtswissenschaf*ten* und nicht von *der* Rechtswissenschaf*t* die Rede gewesen. Denn es haben sich zahlreiche Einzeldiskurse herausgebildet, deren Methoden sich (häufig nicht nur im Detail) unterscheiden oder die doch zumindest eine jeweils eigene Terminologie entwickelt haben.[13] Sie können diese Differenzen aus einer Außenperspektive[14] selbst zum Thema einer Dissertation machen; etwa im Rahmen einer rechtstheoretischen, rechtsphilosophischen oder

---

10 So etwa § 2 Abs. 2 jurPromO Frankfurt.

11 Zu neueren Fragestellungen und Entwicklungen in der Rechtsphilosophie etwa *Brugger/Neumann/Kirste* (Hrsg.), Rechtsphilosophie im 21. Jahrhundert, 2008.

12 Vgl. etwa *Schurz*, Einführung in die Wissenschaftstheorie, 4. Aufl. 2014, S. 11 ff., der dies implizit voraussetzt, um den Gegenstand und Inhalt der Wissenschaftstheorie als eigenständiger Wissenschaft zu bestimmen.

13 Für die Vielfalt im Zivilrecht exemplarisch die Beiträge von der Zivilrechtslehrertagung in Würzburg: *Stürner* „Die Zivilrechtswissenschaft und ihre Methodik – zu rechtsanwendungsbezogen und zu wenig grundlagenorientiert?"; *Haferkamp* „Zur Methodengeschichte unter dem BGB in fünf Systemen"; *Gsell* „Zivilrechtsanwendung im europäischen Mehrebenensystem"; *Oberhammer* „Kleine Differenzen: Beobachtungen zur zivilistischen Methode in Deutschland, Österreich und der Schweiz"; *Mülbert* „Einheit der Methodenlehre? Allgemeines Zivilrecht und Gesellschaftsrecht im Vergleich"; alle Beiträge sind erschienen in dem Sonderheft 1/2 (2014) des Archivs für die civilistische Praxis.

14 Zur Unterscheidung von Außen- und Binnenperspektive unten, III.1.

rechtssoziologischen Fragestellung. Wenn Sie dagegen an dem juristischen Diskurs teilnehmen wollen und die Binnenperspektive wählen, müssen Sie die Besonderheiten des jeweiligen Fachdiskurses beachten und dürfen von dessen Vorgaben nur insoweit abweichen, als der Diskurs selbst solche Abweichungen zulässt und die dafür geeigneten Mittel zur Verfügung stellt. Neben den besonderen Methoden der einzelnen Fachdisziplinen gibt es schließlich auch allgemeine Vorgaben wissenschaftlichen Arbeitens, die jeder beachten muss, wenn er sinnvoll wissenschaftlich arbeiten will.

Die Vorgaben wissenschaftlichen Arbeitens sind in den Rechtswissenschaften leider nur teilweise reflektiert. Es fehlt bislang an systematischen Darstellungen. Viel Wissen besteht nur implizit und wird allenfalls vom jeweils einzelnen Lehrer an seine Schüler weitergegeben, wenn es von diesen nicht sogar ganz selbständig durch Beobachtung oder *trial and error* erworben werden muss.[15] Eine gewisse Hilfe soll der Überblick in den Abschnitten VI. und VIII. dieses Leitfadens über einige der wichtigsten rechtswissenschaftlichen Methoden geben. Im Übrigen sollten Sie sich einen Betreuer suchen, der Ihnen die Grundlagen rechtswissenschaftlichen Arbeitens gut vermitteln kann.[16] Zudem sollten Sie während Ihrer Promotion fortwährend über Ihr Tun reflektieren und so selbst die Geheimnisse dieses Tuns enträtseln. Die Promotion hat nicht zuletzt genau diesen Zweck: (Einige der) Methoden der Rechtswissenschaften zu erlernen, zu verstehen und ihre Anwendung am Ende souverän zu beherrschen.

3. Neue Erkenntnisse

Ihre Dissertation muss neue Erkenntnisse zu dem von Ihnen behandelten Thema bringen.[17] Sie sollen also einen Fortschritt gegenüber dem bisherigen Diskussionsstand machen. Dies bedeutet zweierlei: Erstens müssen Sie sich in dem jeweiligen fachwissenschaftlichen Diskurs verorten. Sie müssen also den aktuellen Diskussionsstand aufbereiten. Zweitens müssen Sie aber auch und vor allem über diesen Diskussionsstand hinausgehen. Die Wiedergabe fremder Meinungen, Theorien und Argumente genügt dieser Anforderung ebenso wenig wie die Darstellung sonstiger Fakten wie etwa die Sammlung von Gerichtsurteilen oder Länderberichte.

---

15 Von „implizitem" Wissen spricht *Bumke*, JZ 2014, 641, 642.
16 Dazu näher unten, VIII.2.
17 So ausdrücklich § 10 Abs. 1 jurPromO Passau. An der Universität Hamburg muss dies nach dem Wortlaut von § 7 Abs. 1 jurPromO nur angestrebt worden sein. Es ist freilich davon auszugehen, dass auch in Hamburg eine Dissertation, die dieses Ziel verfehlt, regelmäßig nicht als promotionswürdig anerkannt wird.

Solch ein (Roh-)Datenmaterial kann stets nur die Grundlage für Ihre eigentliche wissenschaftliche Arbeit bilden, die darin besteht, aus diesen Daten methodisch wenigstens eine neue Erkenntnis zu generieren.[18] Dieses Ziel bestimmt daher auch die Funktion des Themas Ihrer Dissertation: Das Thema muss das Problem definieren, das Sie mit Ihrer Dissertation lösen wollen, und die Lösung dieses Problems ist die von den Promotionsordnungen geforderte neue Erkenntnis.

Diese neue Erkenntnis muss freilich kein Weltwunder sein und braucht auch nicht unbedingt gleich den nächsten Nobelpreis zu gewinnen.[19] Es ist von Ihnen keine wissenschaftliche Revolution gefordert,[20] durch die ein Rechtsgebiet oder gar das ganze Rechtssystem umgestürzt wird. Revolutionen scheitern meist und im Recht steht man ihnen zurecht besonders skeptisch gegenüber, da sie mit einem fundamentalen Wert jeder Rechtsordnung, nämlich der Rechtssicherheit, in Konflikt stehen. Nicht von ungefähr ist es in Deutschland bis heute eine der wichtigsten Aufgaben der Rechtswissenschaft, den vorhandenen Rechtsstoff zu systematisieren und sinnvolle Begriffe zu entwickeln, um diesen Rechtsstoff angemessen darzustellen. Ein dogmatisch sorgfältig und ordentlich aufgeräumtes Rechtsgebiet hat durchaus einen Wert. Selbst wenn sich dort nichts Neues findet, findet man doch in der Regel überhaupt nur etwas, wenn Ordnung herrscht! Auch Sie sollten in Ihrem Tatendrang also bescheiden sein und bloß ein neues Problem mit dem etablierten Methodenarsenal angehen bzw. ein altes Problem mit bislang noch nicht darauf angewendeten Methoden attackieren.[21] Möglich ist es auch, den überkommenen Methodenkanon vorsichtig zu modifizieren. Abzuraten ist aber davon, in allzu vielen Richtungen neue Wege zu beschreiten. Denn dann könnten Sie schnell die Orientierung verlieren und sich rettungslos verlaufen. Und selbst wenn *Sie* diesen Gefahren entgehen, verwirren Sie wahrscheinlich doch Ihre Leser ...

---

18 a.A. offenbar *Coupette/Fleckner*, JZ 2017, 379, 389, im Hinblick auf sogenannte „Quantitative Rechtswissenschaft", allerdings ohne Auseinandersetzung mit der Problematik.

19 Dies dürfte schon deshalb schwierig werden, weil es keinen Nobelpreis für Rechtswissenschaften gibt. Immerhin können Sie sich aber beim Schreiben Mühe geben und auf einen Literaturnobelpreis hoffen, wie ihn bislang als einziger Jurist *Theodor Mommsen* 1902 erhalten hat, allerdings für seine historischen Forschungen über die „Römische Geschichte". Warnend vor zu hohen Ansprüchen auch *Knigge-Illner*, Der Weg zum Doktortitel, 3. Aufl. 2002, S. 178.

20 Vgl. zu diesem wissenschaftstheoretischen Konzept grundlegend *Kuhn*, Die Struktur wissenschaftlicher Revolutionen, 2. Aufl. 1976.

21 Zu den Methoden der Rechtswissenschaften ausführlich unten, IV.

III. Warum promovieren?

Die Gründe für eine Doktorarbeit können äußerst vielfältig sein.[22] Hier gibt es kein objektives Richtig oder Falsch; allein Sie selbst müssen davon überzeugt sein, dass es *für Sie* die richtigen Gründe sind. Es ist durchaus legitim, wenn Sie den Doktortitel allein wegen der damit verbundenen Aussichten auf ein höheres Gehalt anstreben, auch wenn das für mich persönlich kein überzeugender Grund gewesen wäre. Garantiert ist ein größerer Verdienst zudem nicht; vielmehr kommt es insofern sehr auf den jeweiligen potentiellen Arbeitgeber an. Manche Großkanzlei zieht heute einen LL.M. dem Doktortitel vor und bei einer Richterlaufbahn ist der Dr. jur. in der Regel zumindest kein Vorteil. Dennoch wird man Ihnen allgemein als Doktorin der Rechtswissenschaften in Deutschland häufig und zurecht Anerkennung und manchmal sogar Bewunderung zollen. Diese Wertschätzung beruht nicht nur darauf, dass Sie einem komplizierten, möglicherweise gar völlig unverständlichen Thema neue Erkenntnisse abgerungen haben. Hochachtung haben Sie vielmehr allein deshalb verdient, weil Sie Ihre Doktorarbeit erfolgreich abgeschlossen haben. Denn ein so großes und schwieriges Projekt wie eine Dissertation garantiert gelegentlichen Frust geradezu.[23] Sie müssen auf dem Weg zum Erfolg viele Schwierigkeiten überwinden und erhebliche Frustrationstoleranz beweisen. Der Doktortitel am Ende zeigt, dass Sie offenbar dicke Bretter bohren können, auch wenn der Bohrer mal abbricht, die Hände Blasen werfen oder sich nach geraumer Zeit die unvermeidliche Sinnfrage stellt: Warum zum Teufel sollte man überhaupt Löcher in dicke Bretter bohren und sehen sie nicht ohne Loch viel besser aus? Gute Frage, in der Tat![24]

---

22 Dazu *Brandt*, Dr. Jur., S. 14 ff.; ausführlich auch *Schröder/Klopsch*, Der juristische Doktortitel, Humboldt Forum Recht, 4/2012, S. 33 ff. (http://www.humboldt-forum-recht.de/deutsch/4-2012/index.html); *Derleder*, myops 2011, 12 ff.; monographisch: *Hell*, Soll ich promovieren?, 2017.
23 Zur Krisenbewältigung ausführlich unten, XII.
24 Schon *Luther* hat festgestellt, dass „man [...] nicht gern durch dicke Brete [boret]" und wollte damit sagen, dass man sich lieber vor schwierigen Aufgaben drückt (*Luther*, Colloquia oder Christliche Nützliche Tischreden, Leipzig 1577, S. 442). *Luther* verwendete dieses Bild übrigens im Zusammenhang mit den Fürsten seiner Zeit, die das Lösen von Streitigkeiten lieber den Juristen überlassen hätten. Die Jurisprudenz war also ein dickes Brett für *Luther*, vor dem er sich selbst einst gedrückt hatte, indem er das Jurastudium zugunsten der Theologie aufgegeben hatte. Er hielt also offenbar nicht viel davon und hat, soweit ersichtlich, auch nirgends erklärt, warum man dicke Bretter bohren sollte. In der Aufklärung hat *Lessing* jedenfalls keinen Sinn im Bohren dicker Bretter gesehen und empfohlen, ein Brett da zu bohren, „wo es am dünnsten ist" (*Lessing*, Hamburgische Dramaturgie, Bd. 1, 1769, S. 363). In der Tat scheint ein solches effizienzorientiertes Verhalten allgemein vernünftig. Es ist kein guter Grund ersichtlich, warum man extra dicke Bretter bohren und so mehr tun sollte, als jeweils nötig bzw. angemessen ist. Nur dort, wo wie bei Strong-Man-Contests

https://doi.org/10.1515/9783110986419-004

Die Dissertation als Teilleistung der Promotion ist der Idee und dem historischen Ursprung nach eine wissenschaftliche Qualifikationsschrift. Mit ihr soll der Nachweis erbracht werden, dass die Autorin zu selbständiger wissenschaftlicher Forschung befähigt ist. Eine, möglichst mit großem oder mit höchstem Erfolg abgeschlossene Promotion ist daher Voraussetzung für eine akademische Laufbahn. In manchen Ländern promovieren Juristen überhaupt nur, wenn sie eine solche Karriere anstreben. Aber auch in Deutschland leitet sich das Prestige eines Doktortitels aus dem geistigen Weihrauch ab, der ihn trotz aller Plagiatsaffären nach wie vor umgibt.[25] Promovieren können Sie hier selbstverständlich auch ohne weitere akademische Ambitionen, aber Sie sollten sich darüber klar sein, dass es sich im Kern doch um eine wissenschaftliche Arbeit handelt und dass Sie folglich auch eine gewisse wissenschaftliche Leistung erbringen müssen. Wenn Sie dies alles gar nicht interessiert, wäre es aus meiner Sicht Zeitverschwendung, eine Doktorarbeit anzufertigen. Die mit dem Titel (vermeintlich) verbundenen sozialen und materiellen Vorteile kann man auch anders und meist weniger anstrengend erwerben.

Promovieren sollte man nur, wenn man neugierig ist und (wenigstens ein bisschen) Spaß an wissenschaftlicher Arbeit hat. Denn selbst wenn Sie sehr schnell arbeiten sollten und sich extrem beeilen, werden Sie insgesamt doch sicher ein gutes Jahr Ihres Lebens investieren müssen, bis aus der ersten Idee für ein Thema ein frischgedrucktes Buch geworden ist und Sie Ihren Doktortitel endgültig führen dürfen. Für die meisten dürfte sich der Zeitaufwand sogar eher zwischen zwei und vier Jahren bewegen. Zwar wird wohl jeder in dieser langen Zeit auch einmal schwierige Phasen durchmachen müssen. Aber grundsätzlich sollten Sie ein gutes und schönes Leben haben und Ihre Doktorarbeit genießen. Sind Sie sich noch nicht sicher, ob Ihnen das Promovieren in diesem Sinne Spaß machen kann, sollten Sie sich vielleicht zunächst einmal an einem kleineren Projekt versuchen. So kann es sinnvoll sein, eine Idee in einem Aufsatz auszuprobieren, bevor man sie in einer Monographie umfassend durchführt.

Die wichtigste Eigenschaft eines jeden Wissenschaftlers ist die Neugier. Sie müssen gierig auf Neues sein und „es" wissen wollen. „Es", das muss nicht unbedingt gleich heißen, was die Welt im Innersten zusammenhält.[26] Es schadet zwar nicht, wenn Sie (auch) von so großen Fragen bewegt werden, aber nach Antworten

---

die sinn- und hirnlose Kraftaufwendung als solche Ziel ist, kann das Bohren dicker Bretter zum Selbstzweck werden. Insofern ist das Lob, ein Dickbrett- und kein Dünnbrettbohrer zu sein, vielleicht doch etwas zweifelhaft, wenn man genauer darüber nachdenkt...

25 Kritisch zu den Motiven für den Erwerb eines Doktortitels in Deutschland *Joffe*, Doktortitel – Das Wunschabzeichen, Die Zeit 09/2019.
26 *Goethe*, Faust, Der Tragödie Erster Teil, Nacht, Zeilen 383 f.

sollten Sie besser am Wochenende und nach Dienstschluss suchen. Für die alltägliche wissenschaftliche Arbeit ist die Beschäftigung mit kleineren Fragen zweckmäßiger, weil man solche Fragen mit erheblich größerer Wahrscheinlichkeit auch befriedigend beantworten kann. Fragen stellen nach dem Wieso? Weshalb? Warum? muss man aber können und wollen, denn wer nicht fragt, bleibt dumm und gelangt jedenfalls nicht zu neuem Wissen. Wissenschaftler sind insofern große Kinder, was keine Kritik, sondern ein großes Lob sein soll. „Nur wer erwachsen wird und ein Kind bleibt, ist ein Mensch", meinte Kästner[27] und hatte völlig recht. Wer nicht mehr so routiniert Fragen stellen kann wie ein kleines Kind, der sollte es üben, und die Promotion ist eine wunderbare Gelegenheit, die ursprüngliche menschliche Neugier wiederzulernen.

Die Doktorarbeit wird nicht nur in diesem Sinne Teil Ihrer (Aus-)Bildung sein. *Sie* werden *sich* weiter ausbilden und nach der Dissertation eine weitergebildete Persönlichkeit besitzen. Die Grundlagen juristischer wissenschaftlicher Arbeit, die Sie erlernen, werden Ihren Blick auf die Welt allgemein verändern. Auch wenn sich die juristischen Methoden im Einzelnen unterscheiden, so gibt es doch einige Gemeinsamkeiten, die jeder Dr. jur. verinnerlichen wird. Erstens werden Sie lernen, Probleme und Begriffe klar(er) zu definieren und sich um präzise Aussagen zu bemühen. Ihre Erbsenzählerei mag ihre Verwandten und Bekannten schon nach dem Jurastudium manchmal genervt haben, aber Sie werden erkennen, dass und warum es sich lohnen kann, noch viel genauer zu sein. Zweitens werden Sie Sachverhalte (noch) strukturierter und differenzierter analysieren. Während Sie als Student „Es kommt darauf an" häufig nur gesagt haben, um Zeit zu gewinnen, werden Sie nun entdecken, worauf es im Einzelfall tatsächlich ankommt, und fortan Neugier verspüren, diese Frage auch sonst im Leben zu beantworten. Drittens werden Sie schließlich lernen, Probleme von allen Seiten zu betrachten und so alle Argumente pro und contra zu erkennen. Diese Fähigkeit gibt Ihnen in Diskussionen einen großen Vorteil. Was Sie daraus machen, ist allerdings Ihnen überlassen: Verantwortungsvoll genutzt, können Sie in Streitigkeiten neutral und gerechter auftreten, indem Sie objektiv alle Interessen gleich gewichten und nur das sachlich beste Argument zählen lassen. Sie können aber auch unfair spielen und Ihre subjektiven Interessen besser durchsetzen, wenn Sie stets in das Blatt der Argumente Ihrer Gegner gucken können. Es liegt an Ihnen, wie Sie mit dieser Versuchung umgehen und ob Sie sich überhaupt dieser Versuchung aussetzen wollen, indem Sie mit dem Promovieren anfangen.

---

27 *Kästner*, Ansprache zu Schulbeginn, in: *ders.*, Werke (hrsg. v. Görtz), 1998, Bd. II, S. 194, 195.

IV. Der richtige Zeitpunkt

Um juristisch beraten zu dürfen, müssen Sie grundsätzlich Volljurist sein.[28] Voraussetzung für eine juristische Laufbahn in Deutschland ist also regelmäßig das erfolgreiche Bestehen der beiden Staatsexamina. Der Doktortitel ist optional, wenn Sie nicht gerade eine wissenschaftliche Karriere anstreben. Es gibt deshalb auch keinen festgelegten Abschnitt für die Promotion auf Ihrem Ausbildungsweg, sondern Sie müssen sich selbst entscheiden, ob und wann Sie diesen interessanten Ausflug machen wollen. Die Promotionsordnungen bestimmen insofern lediglich den frühestmöglichen Zeitpunkt für den Beginn, indem sie fordern, dass zumindest die Erste Juristische Prüfung erfolgreich bestanden sein muss. Wenn Sie das geschafft haben, sind Sie frei und können bis an Ihr Lebensende jederzeit mit einer Promotion anfangen.[29]

Auch wenn es durchaus Doktoranden gibt, die ihre Dissertation erst nach einem erfüllten Berufsleben mit ihrer Altersversorgung als Stipendium schreiben, so werden die meisten von Ihnen doch vor der Frage stehen, ob sie gleich nach der Ersten Juristischen Prüfung oder besser erst nach dem Referendariat mit der Promotion beginnen sollen. Eine objektiv allgemein richtige Antwort gibt es hier nicht, sondern Sie müssen selbst die für Sie beste Lösung finden. Sie sollten sich für diese wichtige Entscheidung genügend Zeit nehmen. Am besten machen Sie sich erst einmal eine Liste mit allen Gründen, die Ihrer Meinung nach für und gegen die verschiedenen, aus Ihrer Sicht möglichen Zeitpunkte sprechen. Wenn die Liste vollständig ist, sollten Sie darüber nachdenken, welche Art von Gründen dort wie stark vertreten ist bzw. ob bestimmte Gründe dort vielleicht gar nicht auftauchen. Warum ist Ihnen einiges besonders wichtig und anderes offenbar gar nicht? Die Promotion wird einige Zeit dauern, häufig länger als man (oder frau) denkt. Meinen Sie, dass Sie auch am Ende dieser Zeit noch die gleichen Präferenzen haben werden?

Bei der notwendigen Abwägung lassen sich inhalts- und fähigkeitsbezogene, infrastrukturbezogene, ausbildungsbezogene sowie persönliche Gründe voneinander unterscheiden. In der Vorbereitung auf die Erste Juristische Prüfung haben Sie sich ein sehr hohes Niveau im Beherrschen der dogmatischen Methode erarbeitet. Sollten Sie in Ihrer Dissertation ein dogmatisches Problem lösen wollen, hätten Sie dafür unmittelbar nach der Ersten Juristischen Prüfung also höchste Kompetenz. Allerdings

---

28 Einzelheiten regeln das Rechtsdienstleistungsgesetz (RDG) und die dazu vom Bundesministerium für Justiz erlassene Rechtsdienstleistungsverordnung (RDV).
29 Natürlich nur, wenn Sie auch die übrigen Voraussetzungen der jeweils einschlägigen Promotionsordnung erfüllen, dazu näher unter X.

https://doi.org/10.1515/9783110986419-005

fehlt Ihnen zu diesem Zeitpunkt häufig noch der Überblick, um beurteilen zu können, welches Problem nun wirklich promotionswürdig ist. Manche aus Studentensicht höchst interessante Frage ist doch tatsächlich eher irrelevant und ihre Diskussion hätte Ihnen schon in einer Klausur den Vorwurf falscher Schwerpunktsetzung eingebracht. Um die gewichtigen Fragen zu identifizieren, braucht es praktische Urteilskraft. Unter anderem diese Urteilskraft sollen Sie im Referendariat erwerben. Daher kann es im Hinblick auf die Themensuche sinnvoll sein, die Promotion erst nach dem Zweiten Staatsexamen anzufangen. Es ist zudem gut möglich, dass Ihnen während einer der Ausbildungsstationen ein Licht aufgeht und Sie ein neues Problem entdecken. Auch kann es sein, dass Sie im Referendariat eine neue Methode kennenlernen oder sogar eine Station mit genau diesem Ziel wählen. Überlegen Sie sich daher, wann *Sie* für *Ihre* Promotion inhaltlich und methodisch voraussichtlich am besten gerüstet sind.

Zum Schreiben braucht es nur Papier und Bleistift, zum Forschen aber regelmäßig noch ein bisschen mehr.[30] Denken Sie deshalb darüber nach, was aus Ihrer Sicht an Infrastruktur für Ihre Promotion nötig ist und wann und wie Sie diese Infrastruktur erhalten können. Es mag sein, dass Sie gerade wegen Ihrer glänzenden Ersten Juristischen Prüfung eine Assistentenstelle an einem Lehrstuhl angeboten bekommen haben. Sie sollten sich darüber freuen, aber die Stelle doch nicht übereilt annehmen. Stellen Sie dieses Angebot vielmehr gelassen in Ihre Abwägung ein und seien Sie sich im Übrigen bewusst, dass Ihre Note kein Verfallsdatum hat. Im Zweifel wird Ihr Marktwert nur weiter steigen, so dass Sie auch später noch gute und vielleicht sogar noch bessere Angebote erhalten werden. Recherchieren Sie auch, ob es nicht noch andere Stellen gibt, ob Sie nicht vielleicht ein Stipendium erhalten könnten oder welche Möglichkeiten sich Ihnen sonst noch bieten. Überlegen Sie auch, welche Literatur Sie für Ihr Forschungsprojekt benötigen. Insbesondere ausländische Werke stehen häufig nur in wenigen, spezialisierten Bibliotheken. Und auch die Kosten des Zugangs zu ausländischen Datenbanken, die wenigstens im anglo-amerikanischen Raum viel besser und wichtiger sind als ihre Kollegen bei uns, können sich in der Regel nur solche Bibliotheken leisten. Wenn Sie eine rechtsvergleichende Arbeit planen, kann es sinnvoll sein, eine Stelle an der einer solchen Bibliothek zugehörigen Forschungseinrichtung anzutreten oder dort wenigstens einen Forschungsaufenthalt zu organisieren.[31] Noch besser wäre es natürlich, für Ihre Studien das Land der Sie interessierenden Rechtsordnung selbst

---

30 Zur Finanzierung noch ausführlich unten, XI.

31 In Deutschland sind hier insbesondere die Bibliotheken der Max-Planck-Institute für ausländisches und internationales Privatrecht in Hamburg (www.mpipriv.de), für ausländisches öffentliches Recht und Völkerrecht in Heidelberg (www.mpil.de) und das Max-Planck-Institut zur Erforschung von Kriminalität, Sicherheit und Recht in Freiburg (https://csl.mpg.de/de/) zu nennen.

aufzusuchen. Sie sollten in jedem Fall sicherstellen, dass die äußeren Arbeitsbedingungen für Ihre Promotion möglichst optimal sind, so dass Sie sich unbesorgt ganz Ihrer Forschung widmen können und Sie alle Ressourcen zur Verfügung haben, die Sie brauchen.

Da die Promotion nur Kür ist, sollten Sie die Pflicht nicht vernachlässigen. Wenn Sie unmittelbar nach der Ersten Juristischen Prüfung Ihr Referendariat absolvieren, können Sie Ihr Wissen aus der Examensvorbereitung in großen Teilen auch für das Zweite Staatsexamen nutzen. Unter diesem Gesichtspunkt ist es von Vorteil, beide großen Prüfungen zeitnah nacheinander abzulegen und erst anschließend mit der Promotion zu beginnen. Der Examensstress mag allerdings auch so anstrengend und so abschreckend gewesen sein, dass Ihnen eine Zeit der wissenschaftlichen Kontemplation guttun könnte, in der Sie neue Kraft schöpfen, um dann mit dem Zweiten Staatsexamen die letzte Hürde vor dem Volljuristendasein zu nehmen. Freilich werden Sie sich während Ihrer Promotion in einem bestimmten Bereich spezialisieren, während Sie dann im Referendariat und seinem abschließenden Examen wieder als Generalist gefordert sind... Auch hier gibt es also keine sichere und vor allem keine allgemeingültige Antwort auf die Frage nach dem richtigen Zeitpunkt für die Promotion. Vielmehr sollten Sie sich darüber klarwerden, wie sich die Wahl eines bestimmten Zeitpunkts voraussichtlich auf Ihre Ausbildung zum Volljuristen auswirken wird.

Schließlich sollten Sie sich allgemein möglichst wohlfühlen, wenn Sie an Ihrer Dissertation schreiben. Was *Sie* brauchen, um sich wohl zu fühlen, können letztlich nur Sie selber wissen. Überlegen Sie, wie sich die Wahl der Promotionszeit auf Ihr Leben und Ihr persönliches Umfeld auswirken wird. Beziehen Sie unbedingt auch Ihren Partner in Ihren Entscheidungsprozess mit ein. Denn er oder sie wird in jedem Fall einiges mitmachen und sich dies und jenes und sonst noch einiges anhören müssen. In manchen Phasen wird man Sie kaum noch von Ihrer Dissertation unterscheiden können und Ihr Partner sollte sich rechtzeitig darauf einstellen können, dass auch ihr oder sein Leben eine Zeitlang von drohenden Gefahren, Dreipersonenverhältnissen oder Fehlurteilen der höchsten Gerichte geprägt sein wird. Sollten Sie mit dem Gedanken spielen, eine Familie zu gründen, kann ich Sie zunächst einmal nur beglückwünschen und Sie ermutigen, den Gedanken Taten folgen zu lassen. Ich kann aus eigener Erfahrung berichten, dass es gut möglich ist, eine Dissertation und ein kleines Kind zugleich wachsen und gedeihen zu lassen. Wenn. Wenn der Partner sich auch entsprechend einbringt und auch das übrige Umfeld stimmt. Es ist vor allem eine Frage der Organisation. Alleine kann man nicht beides bewältigen; schon ohne Promotion wird ein Kind einen Einzelnen regelmäßig überfordern. Familie und Promotion sollten gemeinsame Projekte aller Beteiligten sein, wobei die Kinder stets an erster Stelle stehen sollten; sie haben sich die Situation, anders als die Erwachsenen (d.h. konkret: Sie!), nicht selbst ausgesucht.

Wenn Sie erst nach dem Zweiten Staatsexamen oder gar nach einer Zeit in der beruflichen Praxis promovieren wollen, könnte es schließlich sein, dass Sie sich finanziell einschränken müssten. Vielen fällt es schwer, auf einen einmal gewohnten Komfort zu verzichten, und es kann auch demotivierend sein, wenn man sieht, wie andere Freunde und Bekannte sich einen zunehmend gehobeneren Lebensstil leisten können, während man selbst immer noch in der Unimensa das Mittagsmenü 3 wählen muss. Ob *Sie* das ertragen können oder sogar eigentlich das noch günstigere Mittagsmenü 2 ganz gerne essen, können Sie wiederum nur selbst beurteilen. In jedem Fall sollten Sie Ihre persönlichen Vorlieben bei Ihrer Planung berücksichtigen und wichtig nehmen. Denn es geht nicht darum, eine gute *work-life-balance* herzustellen, bei der Sie die Unbillen der Arbeit in Ihrer übrigen Lebenszeit ausgleichen. Vielmehr sollten Sie Ihre Promotionszeit als Einheit so gestalten, dass Sie allen Ihren Bedürfnissen zu jeder Zeit möglichst gut gerecht werden.

V. Themenfindung

Die Themenfindung bildet den wichtigsten Abschnitt Ihrer Promotion. Sie steht gleich am Anfang und hier gilt tatsächlich: Aller Anfang ist schwer. Sie sollten sich dennoch nicht einschüchtern lassen und dem Prozess der Themenfindung genügend Zeit geben. Denn es handelt sich wirklich um einen Prozess und es wird dauern, bis Sie Ihr Thema hinreichend entwickelt haben. Regelmäßig wird dieser Prozess auch noch nicht beendet sein, wenn Sie mit der eigentlichen Ausarbeitung der Dissertation beginnen. Vielmehr werden Sie beim Entwickeln Ihrer Lösungen das selbstgestellte Problem besser oder jedenfalls ein wenig anders verstehen, als dies zu Beginn der Fall war.

Was ist nun überhaupt ein Thema? Das Wort Thema kommt vom griechischen θέμα (*thema*), das sich seinerseits vom Verb τίθημι (*tithemi*) ableitet, und etwas bezeichnet, das gelegt oder gesetzt worden ist.[32] Es ist schwer, sich sein Thema gleich am Anfang so selbstbewusst setzen zu können. Nicht selten wird die Herausforderung der Themensetzung einfach umgangen, indem man sich nur einen Forschungsgegenstand, aber kein Thema wählt. In den Rechtswissenschaften ist aber wie in allen Wissenschaften zwischen Forschungsgegenständen und Forschungsthemen zu unterscheiden, die sich auf die Forschungsgegenstände beziehen. Das Gesetz zur Weiterentwicklung der Qualität und zur Teilhabe in der Kindertagesbetreuung (kurz: Gute-KiTa-Gesetz)[33] und seine geplante Weiterentwicklung, das Zweite Gesetz zur Weiterentwicklung der Qualität und zur Teilhabe in der Kindertagesbetreuung (kurz und etwas prosaischer: KiTa-Qualitätsgesetz)[34] etwa sind nur zwei mögliche Gegenstände juristischer Forschungen, aber keine Forschungsthemen als solche. Ein Thema gewinnen Sie erst, indem Sie sich für das Gute-KiTa-Gesetz und/oder seine Weiterentwicklung unter einem bestimmten Aspekt interessieren: Was soll das jeweilige Gesetz erreichen? Was kann es erreichen? Warum heißt das Gute-KiTa-Gesetz so merkwürdig? Ist das Gesetz gut oder sind es die KiTas? Oder sind es beide eigentlich nicht und sollen es nur sein? Häufig interessieren sich Doktoranden ganz am Anfang für einen mehr oder weniger bestimmten Forschungs*gegenstand*. Dagegen ist auch nichts zu sagen. Vielmehr sollten Sie sich sogar unbedingt Zeit nehmen, um sich mit Ihrem Forschungsgegenstand möglichst gut vertraut zu machen. Umso besser Sie sich mit Ihrem Forschungsgegenstand allgemein auskennen, desto besser können Sie auch Ihr Forschungsthema später einordnen. Es schadet daher nicht, wenn Sie erst

---

32 Vgl. *Pozzo*, in: Ritter/Gründer (Hrsg.), Historisches Wörterbuch der Philosophie, 1998, S. 1059 ff.
33 BGBl. v. 19.12.2018 I, S. 2696 (Nr. 49). Offiziell lautet die Kurzfassung allerdings KiQuTWG.
34 Gesetzentwurf der Bundesregierung v. 26.8.2022, BR-Drs. 408/22.

https://doi.org/10.1515/9783110986419-006

einmal ein paar Monate oder auch ein halbes Jahr alles für Sie Interessante zu Ihrem Forschungsgegenstand lesen, sich so einen allgemeinen Überblick verschaffen und Ihr Interesse an Ihrem Forschungsgegenstand langsam wachsen lassen.

Schließlich ist es jedoch wichtig, über dieses Interesse zu reflektieren. Überlegen Sie, was Sie an Ihrem Gegenstand genau interessiert! Welche Frage(n) haben Sie an Ihren Forschungsgegenstand? Wenn es mehrere Fragen sind, müssen Sie sich darüber klarwerden, ob und gegebenenfalls wie die Fragen zusammenhängen. Wenn es keinen sinnvollen Zusammenhang zwischen ihnen gibt, haben Sie mehrere Forschungsthemen gefunden und müssen sich für die weitere Arbeit für eines der Themen entscheiden.

Statt von Thema sollte man also vielleicht besser von der Forschungs*frage* sprechen, die Sie bei der Arbeit an Ihrer Dissertation beschäftigen wird.[35] Schämen Sie sich nicht, wenn Sie zunächst nur Fragen und noch keine Antworten haben. Als Wissenschaftlerin streben Sie nach Erkenntnis. Sie wollen neues Wissen schaffen und dazu müssen Sie erst einmal die Leerstelle in Ihrem vorhandenen Wissen identifizieren. Als Jurist brauchen (und sollten) Sie nicht so weit zu gehen wie Sokrates, und die Möglichkeit von Wissen im Bereich der Rechtswissenschaften überhaupt zu thematisieren;[36] aber wer nicht fragt, bleibt eben dumm, und die Bestimmung Ihrer Forschungsfrage ist der erste und wichtigste Schritt auf dem Weg zur Erkenntnis.

Mit Forschungs*frage* ist tatsächlich eine Frage gemeint, d.h. ein Satz, der mit einem Fragezeichen endet, das dort nach dem Inhalt des Satzes auch hingehört. Der Titel der Publikation am Ende kann (muss aber nicht) anders formuliert sein. Dieser Titel hat allerdings auch eine andere Funktion, indem er Aufmerksamkeit generieren und potentielle Käufer zum Öffnen ihrer Geldbörsen animieren soll. Insofern kann es sinnvoll sein, die wesentliche Aussage des Buchs in einer eingängigen Formel zusammenzufassen oder auch nur den Forschungsgegenstand zu bezeichnen, auf den sich die konkrete Forschungsfrage ihrer Arbeit bezieht. Wenn im letzten Fall der Leser des Titels Ihr Buch aufschlägt, um zu erfahren, worum es darin eigentlich genau geht, haben Sie Ihr Ziel, nämlich den Kauf des Buchs, schon halb erreicht. Bearbeiten können Sie aber keinen Forschungsgegenstand umfassend und unter allen denkbaren Aspekten.[37] Wollten Sie sich etwa der Vertrau-

---

35 Zur Bedeutung der „Forschungsfrage als Schlüssel zum Thema" auch *Wolfsberger*, Frei geschrieben, 4. Aufl. 2016, S. 83.

36 „οἶδα οὐκ εἰδώς": *Platon*, Apologie 21d–22a. Für rechtsphilosophische Doktorarbeiten bietet sich hier natürlich ein unerschöpfliches Themenfeld.

37 Anders offenbar *Franck*, Das Promotionshandbuch, 2. Aufl. 2021, S. 33 ff., der in einer (wohl unbewussten) Übernahme mittelalterlicher und frühneuzeitlicher Ansätze einen Fragekatalog entwirft, der eine umfassende Analyse eines Forschungsgegenstands ermöglichen soll. Dieses Ziel

enshaftung im deutschen Privatrecht widmen, so ließe sich dazu unendlich viel schreiben. Aber selbst ein so herausragender Gelehrter wie *Canaris* hat sich in seiner Habilitation klugerweise auf die Beantwortung bestimmter Fragen beschränkt.[38] Thema auch Ihrer Dissertation kann daher nur die Beantwortung einer bestimmten Frage sein, die Sie an Ihren Forschungsgegenstand richten.

Am Anfang können und sollen Sie also noch gar keine Antworten, sondern nur eine Frage haben. Eine sorgfältig formulierte und präzise gefasste Fragestellung schränkt den Kreis möglicher und sinnvoller Antworten allerdings deutlich ein. So lässt eine ganz allgemeine Frage wie beispielsweise: „Was ist Gerechtigkeit?" zwar eine unabsehbare Anzahl an Antworten zu, ist aber gerade deshalb eigentlich nicht zu beantworten und jedenfalls als Thema für eine Dissertation völlig ungeeignet. Wenn Sie sich allerdings auf einen konkreten Aspekt konzentrieren, etwa: „Wie ist das Institut des Erbrechts im Hinblick auf die Chancengerechtigkeit zu bewerten?", gibt es meist nur wenige sinnvolle Antworten, die Sie dann wissenschaftlich, d.h. systematisch, entfalten können. Arbeiten Sie sorgfältig an Ihrer Forschungsfrage und nehmen Sie sich dafür Zeit! Das Stellen der richtigen Frage ist in der Wissenschaft zumeist tatsächlich der entscheidende Schritt zur Erkenntnis. Was etwa wäre gewesen, wenn Kopernikus sich nicht gefragt hätte, ob die Erde möglicherweise um die Sonne kreist?[39] Wenn aber schon die Forschungsfrage nicht präzise und hinreichend durchdacht ist, dann kann auch die Antwort auf diese mangelhafte Frage nicht viel besser sein. Die Qualität Ihrer ganzen Promotion hängt also von der Qualität Ihrer Forschungsfrage ab![40]

Nicht selten werden Sie Ihre Forschungsfrage im Hinblick auf eine von Ihnen favorisierte Antwort formulieren oder zuspitzen. Diese Vorgehensweise ist nicht zu beanstanden, solange Sie wissenschaftlich bleiben und neben Ihrer Antwort auch alle übrigen möglichen Lösungen unvoreingenommen mit allen jeweiligen Argumenten *pro* und *contra* diskutieren. Wissenschaft zeichnet sich durch Objektivität und Neutralität gegenüber dem Forschungsgegenstand aus. Nur wenn Sie den Leser von Ihrer Unbefangenheit überzeugen, wird er Ihnen auch bei der Ihnen abverlangten abschließenden Wertentscheidung, d.h. der Auswahl der richtigen Lösung, folgen. Zeigen Sie sich dagegen von Anfang an parteiisch, kann Ihre Meinung keinen

---

war schon im Mittelalter vor der Begründung der modernen Wissenschaft nicht erreichbar und vergleichbare Fragekataloge kamen deshalb auch aus der Übung. Sie sollten streng den Regeln der Wissenschaft folgen und sich mit der Beantwortung *einer* Forschungsfrage begnügen!

38 *Canaris*, Die Vertrauenshaftung im deutschen Privatrecht, 1971.

39 Für seine Antwort auf diese Forschungsfrage *Kopernikus*, De revolutionibus orbium coelestium, Nürnberg, 1543.

40 Ähnlich auch *Franck*, Das Promotionshandbuch, 2. Aufl. 2021, S. 20.

besonderen Status beanspruchen und fügt der allgemeinen und eher banalen Behauptung, dass Sie eine theoretisch mögliche Position vertreten, nichts hinzu.

Entscheidend sowohl für die wissenschaftliche Qualität Ihrer Arbeit als auch für die Überzeugungskraft Ihrer abschließenden Wertentscheidung sind also (a) die Identifikation aller möglichen, plausiblen und daher diskussionswürdigen Antworten auf Ihre Forschungsfrage(n); und (b) die Darstellung jeweils aller Argumente *pro* und *contra*.[41] Wenn Sie Ihre Forschungsfrage auf diese Weise bearbeiten, werden Sie immer wieder feststellen, dass Sie noch auf weitere, bislang nicht bedachte mögliche Antworten oder sogar auf neue (Teil-)Fragen mit ihrerseits zahlreichen möglichen Antworten eingehen müssten. In einer solchen Situation sollten Sie nicht in Panik geraten, sondern ruhig überlegen, ob Sie dieses neu entdeckte Themenfeld wirklich beackern oder ob Sie nicht lieber Ihr Thema begrenzen, d. h. Ihre Forschungsfrage enger formulieren wollen.[42] Eine allgemeine Patentlösung gibt es insofern nicht. Sie sollten sich freilich nicht sorgen, dass Ihnen bei einer Eingrenzung nichts mehr zum Forschen übrigbliebe. Die meisten Doktorarbeiten leiden eher darunter, dass ein zu weites Feld nicht intensiv genug bearbeitet wurde, als daran, dass einem zu kleinen Themenbeet allzu viel abverlangt wurde. In jedem Fall sollten sie während der ganzen Promotionszeit stets über Ihre Forschungsfrage reflektieren und um eine angemessene Formulierung ringen!

Als angehender Doktorand haben Sie, ach, eine große Menge Recht gelernt und doch sind Ihnen viele Rechtsgebiete noch (weitgehend) unbekannt, die außerhalb des examensrelevanten Prüfungsstoffs liegen. Scheuen Sie indes nicht, sich auch auf dieses unbekannte Terrain bei der Themensuche vorzuwagen. Denn zum einen wird es den meisten anderen potentiellen Doktoranden ebenso fremd sein wie Ihnen, so dass sich dort außer Ihnen nur wenige Abenteurer tummeln werden und es häufig jede Menge zu entdecken gibt; jedenfalls mehr als in den allbekannten Kerngebieten wie des Vertrags-, Delikts-, Polizei- oder Baurechts. Und zum anderen sind Sie gut gerüstet für Ihre Expedition, da das im Studium erlernte methodische Werkzeug auch in den exotischen Rechtsgebieten vollkommen ausreicht. Dann

---

41 Dazu noch ausführlich unten, VI.3.c).

42 Da Jura im Kern eine Sprachwissenschaft ist, liegt es häufig nahe, sich mit Sprachtheorien und der Frage auseinanderzusetzen, ob und inwieweit so etwas wie Kommunikation überhaupt möglich ist. Diese Frage ist sicherlich sehr interessant. Aber erstens haben sich bereits viele Spezialisten über viele Jahre hinweg um eine Antwort bemüht, auf deren Ergebnisse Sie ohne weiteres zurückgreifen können und dürfen. Und zweitens demonstrieren Sie durch den von Ihnen geschriebenen Text, dass Kommunikation unabhängig von der theoretischen Begründung jedenfalls praktisch (in Grenzen) funktioniert. Das genügt aber regelmäßig als Basis für die Lösung der meisten juristischen Probleme.

können Sie sich sogar in die unendlichen Weiten des Weltraum(-rechts)[43] wagen und/oder Rechtsfragen beim Kontakt mit Extraterrestrischen[44] beantworten. Sie sollten sich nur systematisch und gründlich einlesen und wirkliches Interesse für das so erschlossene neue Rechtsgebiet entwickeln. Zudem sollten Sie sicherstellen, dass Sie während Ihrer Promotion einen Diskussions- und Austauschpartner haben, der Ihnen als Führer dienen kann und der sich in der Materie auskennt. Diese Person sollte nach Möglichkeit, muss aber nicht unbedingt Ihr Betreuer sein.

Viele Doktoranden trauen sich die eigene Themensuche nicht zu und lassen sich lieber ein Thema von ihrem Betreuer geben.[45] Es ist prinzipiell nichts dagegen einzuwenden, den Rat eines Spezialisten einzuholen, der weiß, welche interessanten Probleme in seinem Rechtsgebiet noch der Lösung harren und welche dringenden Fragen unbedingt beantwortet werden müssen. Sie sollten diesen Rat allerdings nur als Anregung verstehen und davon ausgehend die Idee Ihres Betreuers zu Ihrer eigenen machen. Bedenken Sie, dass Ihr Betreuer das Thema selbst noch nicht bearbeitet hat. Es *scheint* ihm interessant und bearbeitungsfähig. Er kann aber nicht wissen, ob das Thema diese Eigenschaften auch tatsächlich hat, weil sich das erst bei der Bearbeitung herausstellt. Regelmäßig müssen Themen daher bei der Bearbeitung an die neuerworbenen Erkenntnisse angepasst werden. Ihr Betreuer würde das Thema deshalb wahrscheinlich selbst nicht unverändert zum Abschluss bringen und auch Sie sollten sich nicht aus falscher Ehrfurcht mit einem zunehmend sinnlos werdenden Thema quälen. Arbeiten Sie sich daher selbst in Ihr Themengebiet ein, werden Sie selbst zum Spezialisten und modifizieren Sie das Thema und gegebenenfalls die vorgeschlagene Methodik so, dass und wie es Ihnen sinnvoll erscheint. Allzu viele Doktorarbeiten scheitern daran, dass die Doktoranden an einem vorgesetzten Thema kauen sollen, das ihnen zäh und ungenießbar erscheint und es darum zumindest für sie auch ist. Es bringt keinen Spaß, wenn man über Jahre hinweg jeden Tag einen Bissen für Tante Augusta hinunterwürgen muss.[46] Entwickeln Sie keine Allergie gegen Tante Augusta und/oder Ihr Thema, sondern bereiten Sie sich Ihr eigenes wohlschmeckendes Mahl. Nutzen Sie

---

43 Vgl. nur *Schladebach*, Weltraumrecht, 2020; *Dunk*, Advanced introduction to space law, 2020; *Bories*, Droit de l'espace extra-atmosphérique : questions d'actualité, 2021.

44 Vgl. *Stähle*, Rechtsfragen beim Kontakt mit Extraterrestrischen: Völkerrecht, Wirtschaft und Politik – Ein Gedankenmodell, 2022.

45 Dazu knapp *Möllers*, Juristische Arbeitstechnik, § 9 Rn. 16; ausführlicher *v. Münch/Mankowski*, Promotion, , S. 52 ff., die alle eine Themenwahl durch den Betreuer sehr positiv beurteilen.

46 Vgl. *Lindgren*, Der beste Karlsson der Welt, 1968.

dazu die von Ihrem Betreuer empfohlenen Zutaten (nur), soweit *Sie* diese mögen![47] Am besten ist es freilich, wenn Sie ganz allein Ihr Lieblingsessen kochen, d. h. Ihr eigenes Thema entwickeln.[48] Dazu braucht es freilich wie beim Kochen ein wenig theoretisches Wissen.

Im Folgenden wollen wir uns zunächst eine kleine Topographie möglicher juristischer Themen anschauen, um so einen einfachen Plan zur Orientierung darüber zu erhalten, was überhaupt grundsätzlich möglich ist (dazu unter 1.). Im Anschluss sollen dann die Gründe systematisch aufgezählt werden, die dafür sorgen, dass es (immer wieder neue) juristische Fragen gibt, über die man (eine Doktorarbeit) schreiben kann (dazu unter 2.).

1. Kleine Topographie möglicher Themen

a) Themen aus der Außenperspektive

Sie können ein Rechtssystem oder Elemente eines solchen als Forschungsgegenstand wählen und es von außen untersuchen, ohne selbst an seinen Operationen teilzunehmen. Hierfür sind die Methoden aller Wissenschaften geeignet, für die das Recht (in irgendeiner Weise) ein interessantes Phänomen darstellt. So kann man etwa Rechtstexte auf ihre literarische Qualität hin untersuchen,[49] Entscheidungen im oder zum Recht als historische Ereignisse analysieren,[50] gesellschaftliche Veränderungen in ihrem Zusammenhang mit dem Recht soziologisch betrachten,[51]

---

47 Voraussetzung ist natürlich, dass Ihr Betreuer sich so offen für Ihre Ideen zeigt. Als Wissenschaftler wäre er dazu verpflichtet, aber nicht alle erfüllen ihre Pflichten... Zur Wahl des Betreuers noch näher unten, VIII.3.

48 Zurecht betont auch *Brandt*, Dr. jur., S. 36, dass Sie *Ihr* Thema finden müssen, das Sie möglichst vollständig bejahen und von dem Sie idealerweise wirklich „ergriffen" sein sollten.

49 Zum Forschungszweig „law and literature" einführend *Schramm*, JA 2007, 581 ff.; *Dolin*, A Critical Introduction to Law and Literature, 2007; zu jüngeren Trends *Neugärtner*, RW 2017, 461 ff.; *Lomfeld*, JZ 2019, 369 ff. Siehe auch den Internetauftritt des Sonderforschungsbereichs 1385 „Recht und Literatur" an der WWU Münster: https://www.uni-muenster.de/SFB1385/ (zuletzt abgerufen am 2.3.2023), sowie *J. Grimm*, Von der Poesie im Recht, Zeitschrift für geschichtliche Rechtswissenschaft 2 (1815), 25 ff.

50 Zu den unterschiedlichen Forschungsansätzen der Rechtsgeschichte etwa *Hilgendorf/Schulze-Fielitz* (Hrsg.), Selbstreflexion der Rechtswissenschaft, 2015; *Senn*, Rechtsphilosophisches und rechtshistorisches Selbstverständnis im Wandel, 2016; für einen Überblick auch *Haferkamp*, Georg Friedrich Puchta und die „Begriffsjurisprudenz", 2004, S. 1–26.

51 Vgl. für einen solchen Ansatz exemplarisch *Weber*, Wirtschaft und Gesellschaft, S. 387–513; *Luhmann*, Die soziologische Beobachtung des Rechts, 1986; *ders.*, Das Recht der Gesellschaft, 1993.

usw. Sie könnten sogar untersuchen, wie sich Lesungen von Gesetzestexten als musikalisches Klangereignis deuten lassen. Welche Themen hier möglich und sinnvoll sind, können die jeweiligen Fachwissenschaften nur selbst entscheiden.

Voraussetzung für eine *juristische* Dissertation ist allerdings, dass sie einen Gegenstand aus dem Gebiet der *Rechts*wissenschaften behandelt.[52] Das bedeutet, dass immer ein Bezug zum Rechtssystem selbst hergestellt werden muss. Wenn Sie sich für ein Thema aus der Außenperspektive interessieren, müssen Sie sich also stets gut überlegen, worin dieser Bezug genau besteht und ob dieser Bezug stark genug ist, dass die Verleihung eines Dr. jur. (und nicht etwa eines Dr. phil., usw.) für Ihre Arbeit gerechtfertigt ist. Exakte Vorgaben lassen sich hier nicht machen und es wäre letztlich unwissenschaftlich, beispielsweise die „reine" Soziologie von der Rechtssoziologie trennscharf abzugrenzen. Wichtig ist allerdings, dass Sie sich entsprechende Gedanken machen und gegebenenfalls auch erklären, warum es sich bei Ihrer Arbeit um ein *rechts*wissenschaftliches Werk handelt. Sollten Sie sich für Ihr Thema ausschließlich aus außerjuristischen Gründen interessieren, ist dies zwar *per se* nicht zu kritisieren, aber Sie sollten Ihre Dissertation dann doch besser an der eigentlich zuständigen anderen Fakultät einreichen.

Am leichtesten lässt sich der rechtswissenschaftliche Charakter Ihres Themas begründen, wenn Ihr Erkenntnisziel ein Fortschritt hinsichtlich des geltenden Rechts ist.[53] Ein solcher Fortschritt kann in einem Reformvorschlag *de lege ferenda*, in einem neuen, besseren Verständnis der *lex lata*, in einer besseren Systematik, usw. bestehen. Auch hier lässt sich keine abschließende Liste denkbarer Fortschritte erstellen. Wichtig ist daher lediglich, dass Sie über mögliche mit Ihrem Thema verbundene Fortschritte reflektieren, Ihre Arbeit dann auf eben dieses Erkenntnisziel ausrichten und es dem Leser erklären. Da Sie Ihr Studium an einer juristischen Fakultät absolviert haben und folglich im juristischen Denken geschult sind, werden Sie regelmäßig auch dann von einer juristischen Frage bewegt sein, wenn Sie sich dem Recht von außen nähern. Es kommt insofern bloß darauf an, sich dieser Frage auch bewusst zu werden und sie als Forschungsprogramm explizit zu formulieren.

Von außen müssen Sie sich Rechtsordnungen auch nähern, wenn Sie zwei Rechtsordnungen mit einander vergleichen wollen. Denn für den Vergleich müssen Sie Ihre Vergleichsgegenstände zunächst präparieren und dürfen sie dann nicht

---

52 So ausdrücklich etwa § 9 Abs. 1 jurPromO Leipzig.

53 Es sei jedoch betont, dass dies keineswegs der einzige zulässige Ansatz für eine rechtswissenschaftliche Forschungsfrage aus der Außenperspektive ist. Sie können z. B. auch das Verständnis um das Recht überhaupt, eine seiner Funktionen oder Eigenschaften erweitern wollen. Wichtig ist nur, dass der von Ihnen erstrebte Erkenntnisfortschritt einen irgendwie begründbaren Bezug zum Recht aufweist.

mehr selbst manipulieren. Auch für die Rechtsvergleichung müssen Sie also die Beobachterperspektive einnehmen.[54] Die dabei nötige Zurückhaltung kann freilich manchmal schwerfallen, wenn man das Gefühl hat, dass eine (vermeintlich) bessere Lösung für eine fremde Rechtsordnung doch auf der Hand liegt.

b) Themen aus der Binnenperspektive

aa) de lege lata

Die weitaus meisten juristischen Dissertationen in Deutschland beschäftigen sich mit dem hier geltenden Recht, der sogenannten *lex lata*. Die Mehrzahl der Doktoranden nimmt damit aktiv am juristischen Diskurs um das geltende Recht teil und wählt also die Binnenperspektive des Rechtssystems. Im Hinblick auf mögliche Erkenntnisfortschritte lassen sich dabei zwei gegensätzliche Forschungsziele unterscheiden: Sie können den Rechtsstoff vergrößern oder verkleinern wollen. Beides ist gleichermaßen legitim. Eine Vergrößerung des Rechtsstoffs erreichen Sie etwa dadurch, dass Sie neue Unterscheidungen einführen, durch Auslegung aus Normen neue differenzierte Rechtsfolgen ableiten oder den möglichen Anwendungsbereich einer (neuen) Norm systematisch erkunden, indem Sie hypothetische Anwendungsfälle bilden und die dazu passenden Lösungen entwickeln. Jeder von Ihnen überzeugend gelöste Beispielsfall wird als Präjudiz[55] im juristischen Diskurs verwendet werden und so den Rechtsstoff, d.h. die Menge der Argumente vergrößern, die bei der Lösung künftiger Fälle zu beachten sind.

Ein unbegrenztes Wachstum des Rechtsstoffs würde diesen mit der Zeit allerdings völlig unbrauchbar machen. Eine wichtige Aufgabe der Rechtswissenschaft und also auch ein lohnendes Ziel für Dissertationen ist es daher, diesem Wachstum entgegenzuwirken, bzw. es einzuhegen und dem Rechtsstoff eine Form zu geben, damit er handhabbar bleibt. In Deutschland bildet diese Tätigkeit einen Schwerpunkt dessen, was man herkömmlich als Dogmatik bezeichnet.[56] Diese dogmatische

---

54 Dazu noch ausführlich unten, IV.2.a).

55 Die Autorität solcher Präjudizien ist nicht gesetzesgleich. Sie variiert mit der Überzeugungskraft der Lösung und besitzt damit eine sogenannte „persuasive authority", wie es die anglo-amerikanische Präjudizienlehre formuliert, vgl. *Cross/Harris*, Precedent in English Law, 4. Aufl. 1991, S. 4; für eine rechtssoziologisch-rechtsvergleichende Analyse des Konzepts der „persuasive authority" *Glenn*, McGill Law Journal 32 (1986–1987), 261ff.

56 Es handelt sich im Wesentlichen um das, was *Jhering* „höhere Jurisprudenz" genannt hat, vgl. seinen programmatischen Aufsatz „Unsere Aufgabe", JherJb. 1 (1857), 1ff. Die von ihm diffamierte „niedere Jurisprudenz", d.h. die systematische Entfaltung des Rechts, hat allerdings ebenfalls ihre praktische und durchaus auch wissenschaftliche Berechtigung und es besteht kein Stufenverhältnis zwischen beiden Arten dogmatischer Arbeit.

Arbeit ist von dem Streben nach Systematik, der Suche nach übergreifenden Prinzipien und Strukturen und der Entwicklung von Begriffen geprägt.[57] Dabei geht man regelmäßig induktiv von einzelnen Rechtsphänomenen (Normen, Gerichtsentscheidungen, usw.) aus, abstrahiert von diesen Phänomenen und identifiziert wesentliche Gemeinsamkeiten dieser Phänomene.[58] Die (immer noch?) h.M. geht davon aus, dass es gerechtfertigt sei, aus solchen wesentlichen Gemeinsamkeiten allgemeine(re) normative Folgerungen abzuleiten.[59]

Die Unterscheidung zwischen Rechtswissenschaft, die den Rechtsstoff vergrößert, und solcher, die das Wachstum des Rechtsstoffs begrenzt und einhegt, ist theoretisch wichtig. In der Praxis lässt sich eine strikte Trennung allerdings kaum durchhalten. Regelmäßig wird man bei einer dogmatischen Arbeit sowohl allgemeinere Theorien und Begriffe entwickeln als auch diese Begriffe und Theorien zur Anwendung bringen, indem man konkrete Folgerungen für tatsächliche oder hypothetische Fälle aus ihnen ableitet. Es ist grundsätzlich Ihre wissenschaftliche Freiheit, wo Sie hier welche Schwerpunkte setzen. Sie sollten sich nur darüber bewusst sein, was Sie gerade tun, und sich stets fragen, ob Sie dies auch tun wollen bzw. ob Ihre Tätigkeit dem übergeordneten Erkenntnisziel Ihrer Dissertation tatsächlich dient. Wenn Sie eigentlich für Ordnung sorgen und den Rechtsstoff aufräumen wollten, dann sollten Sie nicht immer neue Fälle und Probleme konstruieren, die das ursprüngliche Chaos noch vergrößern…

bb) de lege ferenda

Sind Sie mit dem Zustand des geltenden Rechts unzufrieden und meinen, dass sich dieser unbefriedigende Zustand nicht mehr durch die Wissenschaft mittels Auslegung oder methodisch zulässiger wissenschaftlicher Rechtsfortbildung korrigieren ließe, dann können Sie (nur) einen Reformvorschlag für den Gesetzgeber erarbeiten.[60] Bei solch einem Vorgehen *de lege ferenda* behalten Sie insofern die Binnenperspektive, als Sie an dem Diskurs des Rechtssystems teilnehmen und seine Spielregeln als verbindlich für sich akzeptieren.

---

57 Vgl. einführend *Bumke*, JZ 2014, 641 ff.; *ders.*, Rechtsdogmatik, 2017.
58 Ausführlich zur dogmatischen Methode unten, VI.1.
59 Die Einzelheiten sind hier freilich umstritten. Die Diskussion dieser Frage beschäftigt die Rechtswissenschaften in Deutschland seit der (später) sogenannten Begriffsjurisprudenz des 19. Jh. Auch Sie können sich in Ihrer Promotion an dieser Diskussion beteiligen. Für die verbreitet sehr kritische Haltung zu solch produktiver Rechtswissenschaft in England vgl. den Überblick und die Nachweise bei *Flohr*, Rechtsdogmatik in England, 2017, S. 221 ff. Für die Forderung nach einer entsprechenden Beschränkung der Wissenschaft im deutschsprachigen Raum insbesondere *Kelsen*, Reine Rechtslehre, 1934.
60 Zur Methodik noch ausführlich unten, VI.

Auch Defizite der *lex lata* können Sie grundsätzlich systemimmanent begründen, indem Sie Wertungswidersprüche, Unklarheiten, Formulierungsfehler, usw. aufzeigen. Gerade jüngere Gesetze weisen leider regelmäßig eine übergroße Vielzahl an solchen rechtstechnischen Mängeln auf und verdienen eine sorgfältige kritische Analyse.[61] Soweit Sie Ihre Kritik an der *lex lata* allerdings auf allgemeine, d.h. nicht spezifisch juristische Gründe[62] stützen, verlassen Sie jedoch den Binnenraum des Rechtssystems und bewerten die Rechtsnormen aus der Außenperspektive. Für eine solche Ihren Reformvorschlag vorbereitende Kritik müssen Sie sich also genau überlegen, welche fachfremden Erkenntnisse und Methoden Sie heranziehen wollen (und auf *wissenschaftlichem* Niveau auch *können!*), damit diese Kritik möglichst überzeugend ausfällt. Sie sollten bei einer solchen Kritik von außen aber grundsätzlich zurückhaltend sein und Ihre Kompetenzen nicht überschätzen. Denn Sie haben als Jurist nur ein Sonderwissen im Hinblick auf das Recht. In allen anderen Bereichen sind Juristen regelmäßig nicht besser qualifiziert als alle anderen Bürger. Auch Juristen müssen daher ihre Ansichten auf dem allgemein von der Verfassung vorgesehenen Weg in den politischen Prozess einbringen: Durch Wahlen und Volksabstimmungen (Art. 20 Abs. 2 S. 2 GG). Die sachlich angemessene Lösung politischer Probleme lässt sich nicht wissenschaftlich in einer juristischen Doktorarbeit finden. Ihre eigene Kritik an der *lex lata* sollte deshalb vor allem auf rechtssystemspezifischen Gründen beruhen und Sie sollten im Übrigen bloß vorsichtig fremde, möglichst weit konsentierte Kritik referieren und insofern einen neutralen wissenschaftlichen Standpunkt einnehmen.

Die Kritik am geltenden Recht bereitet Ihre eigentliche Leistung freilich nur vor: Sie wollen und sollen einen überzeugenden Reformvorschlag machen. Überzeugend wird dieser Vorschlag nur sein, wenn Sie nachweisen und begründen, dass die von Ihnen entworfene Regel (a) das Problem besser löst als das geltende Recht; und (b) keine anderen Probleme verursacht, die den Vorteil der besseren Lösung des bestehenden Problems aufwiegen. Sie müssen sich also in die Methodik der Gesetzgebung einarbeiten (dazu noch unten VI.5).

---

61 Vgl. insofern für die §§ 327 ff BGB etwa *Martens*, Schuldrechtsdigitalisierung, 2022, S. 61 ff.
62 Zur Unterscheidung von rechtlichen und außerrechtlichen Argumenten *Martens*, Rechtstheorie 42 (2011), 145 ff.

2. Gründe für juristische Fragen

Dissertationswürdige Fragen gibt es wie Sand am Meer[63] und doch suchen viele lange Zeit, ohne auch nur ein Korn zu finden. Der folgende Überblick über Gründe für dissertationswürdige Fragen soll die Suche erleichtern. Er beschränkt sich allerdings auf eine systematische Darstellung der Gründe für *juristische* Fragestellungen. Ausgeblendet bleiben damit Gründe für mögliche Themen aus der Außenperspektive. Da das Recht von außen legitimer Forschungsgegenstand jeder anderen Wissenschaft sein kann, die insofern ein Interesse entwickelt, lässt sich auch nicht abschließend sagen, welche Interessen warum wissenschaftlich sind. Dies kann nur jede Fachwissenschaft für sich selbst bestimmen. Wer sich also für die Außenperspektive interessiert, muss sich vor der Suche nach einem konkreten Thema erst einmal wenigstens insoweit in die gewählte fremde Wissenschaft einarbeiten, dass sie (oder er) sinnvolle Themen dieser Wissenschaft identifizieren kann.

Wenn Sie die Binnenperspektive wählen und am juristischen Diskurs selbst teilnehmen wollen, lassen sich prinzipiell zwei rechtswissenschaftliche Problemkreise unterscheiden: Erstens kann das Recht seinen beiden zentralen praktischen Aufgaben, nämlich der Schaffung von Rechtsfrieden durch die Lösung bzw. Prävention sozialer Konflikte[64] oder der Gewährleistung einer für die gesellschaftlichen und wirtschaftlichen Bedürfnisse adäquaten Infrastruktur[65], nicht hinreichend genügen. Es können sich tatsächliche Umstände ändern, durch die neue Konflikte oder Bedürfnisse entstehen (dazu unter a)) oder das rechtliche Umfeld kann sich verändern (dazu unter b)). Die Normen mögen aber auch von Anfang an defizitär gewesen sein, so dass nur eine Änderung des Rechts *de lege ferenda* wirklich zielführend ist.

Auch wenn das Recht zu praktisch befriedigenden Lösungen führt, kann es dennoch zweitens originär wissenschaftliche bzw. didaktische Standards nicht er-

---

63 a. A. v. *Münch/Mankowski*, Promotion, , S. 52, die von einer „Themennot" ausgehen. Diese Aussage steht in eklatantem Widerspruch zur stetig steigenden Flut an juristischen Publikationen, selbst wenn man berücksichtigt, dass (allzu) viele Veröffentlichungen denselben Fragen gewidmet sind und in der Sache wenig Neues bringen.

64 Dies ist das eigentliche Ziel nicht nur des Straf- und Zivilrechts, sondern gerade auch und vor allem des Öffentlichen und Verfassungsrechts. Denn erst die Bildung und Ordnung einer staatlich verfassten Gemeinschaft kann den Frieden und die Sicherheit garantieren, die Voraussetzung aller bürgerlichen Freiheiten sind. Das Staats- und Verwaltungsrecht muss daher vielfältigste Interessen zum Ausgleich bringen, um Konflikte zu verhindern oder zu lösen, die sich im schlimmsten Fall bis zum Bürgerkrieg steigern können. Vgl. insofern grundlegend *Hobbes*, Leviathan, 1651.

65 Dies ist der Kern dessen, was gemeinhin als Kautelarjurisprudenz bezeichnet wird, bzw. das, was an Institutionen des Rechts für diese Kautelarjurisprudenz erforderlich ist.

füllen. Nicht selten entwickelt sich in der Rechtspraxis ein schließlich nahezu unübersehbares und jedenfalls kaum mehr lernbares Fallrecht (dazu unter c)); Normen können aus historischen Gründen zu Zwecken herangezogen werden, für die sie eigentlich nicht gedacht waren, sodass die juristische Konstruktion intellektuell unbefriedigend ist (dazu unter d)); usw.

Schließlich bietet sich zur Identifikation von bislang unerkannten Problemen aller Art ein Vergleich historisch und/oder örtlich unterschiedlicher Rechtsordnungen an. Denn so werden blinde Flecke erkennbar, die den Teilnehmern eines auf eine einzelne Rechtsordnung zu einer bestimmten Zeit beschränkten Diskurses regelmäßig nicht bewusst sind (dazu unter e)).

a) Wandel tatsächlicher Umstände

aa) Technologischer Wandel

Neue Technologien verändern die Gesellschaft und sorgen daher regelmäßig auch für neue Konflikte sowie eine rechtliche Einfassung neuer Phänomene. Das Rechtssystem muss darauf reagieren, indem entweder neue Normen geschaffen werden (dazu unten, VI.5.) oder indem das bestehende Recht für die neuen Herausforderungen möglichst gut nutzbar gemacht wird. In der Gegenwart und jedenfalls näheren Zukunft stellen sich hier kaum absehbare Herausforderungen für das Recht und die Rechtswissenschaft. Immer noch kaum bewältigt sind die Probleme im Zusammenhang mit den neuen Kommunikationstechnologien, insbesondere im Umgang mit (persönlichen) Daten. Das Datenschutzrecht ist insofern in dauernder Bewegung.[66] Daten haben sich zudem zu einer neuen Form der allgemeinen Gegenleistung entwickelt,[67] die einige Eigenschaften mit dem herkömmlichen Zahlungsmittel Geld gemeinsam hat, die aber doch auch signifikante Unterschiede, insbesondere die fehlende Standardisierung des Werts, aufweist. Neben Daten treten auch andere Zahlungsmittel, etwa Kryptowährungen,[68] in Konkurrenz zum klassischen staatlichen Geld und müssen in die bestehende Rechtsordnung integriert werden.

Der Prozess der Digitalisierung beschränkt sich freilich keineswegs auf den virtuellen Bereich, sondern wirkt sich auch ganz real aus. So ändert sich die Arbeitswelt bereits jetzt grundlegend und das Arbeitsrecht muss darauf reagieren. Die

---

66 Dazu im Überblick *Leeb/Liebhaber*, JuS 2018, 534 ff.; *Klement*, JZ 2017, 161 ff.; *Durner*, JuS 2006, 213 ff.
67 Vgl. *Specht*, JZ 2017, 763 ff.; als rechtsvergleichende Promotion bereits *Langhanke*, Daten als Leistung, 2018.
68 Vgl. etwa *Shmatenko/Möllenkamp*, MMR 2018, 495 ff.

Bedingungen, Formen und Inhalte der Erwerbsarbeit ändern sich immer schneller. Zunehmend selbständige Maschinen machen zudem zwar häufig weniger Fehler als Menschen, verursachen aber dennoch gelegentlich Schäden, bei denen sich komplizierte Fragen nach Ausgleich und Haftung stellen.[69] Wenn Roboter Teil unseres sozialen Alltags werden, kann das Recht diese neuen Akteure nicht ignorieren. KI-generierte Texte und Programme stellen das herkömmliche Urheberrecht in Frage, da sie zwar ganz auf einem Fundus fremder Gedankenleistungen beruhen, auf dieser Grundlage aber etwas jedenfalls *prima facie* Neues schaffen. Und schließlich verändert der digitale Wandel auch die juristische Arbeitswelt sei es als Anwalt, Richter, Notar oder auch an der Hochschule lehrender und forschender Professor (Stichwort „Legal Tech").

Die bislang beschriebenen Phänomene des technologischen Wandels sind keineswegs abschließend. Wahrscheinlich kommt es bereits in kurzer Zeit zu weiteren heute noch gar nicht absehbaren Neuerungen. Für Juristen stellt sich der technologische Wandel daher als letztlich unerschöpfliche Goldgrube an Themen dar. Sie müssen bloß ein wenig graben und werden garantiert ein ordentliches Nugget finden!

Wenn Sie an Technik interessiert sind, sollten Sie sich in einem ersten Schritt über die neuesten technischen Entwicklungen informieren. Wichtig ist, dass Sie die technischen Grundlagen wirklich verstehen. Einfaches Feuilletonwissen verführt meist nur zu Vorurteilen und reicht regelmäßig für ein angemessenes wissenschaftliches Urteil nicht aus. Mit dem nötigen technischen Fachwissen ausgestattet sollten Sie sich in einem zweiten Schritt überlegen, zu welchen neuen sozialen Konflikten es im Zusammenhang mit diesen Entwicklungen kommen kann oder welches Gestaltungsbedürfnis im Hinblick auf die technologischen Neuerungen besteht. Sie sollten die neuen Konflikte bzw. das neue Gestaltungsbedürfnis systematisch aufarbeiten. Anschließend sollten Sie überprüfen, inwiefern sich den neuen Herausforderungen mit dem geltenden Recht befriedigend begegnen lässt. Müssen neue wirtschaftlich bedeutsame Positionen als absolute Rechte geschützt werden? Sind alte überkommene absolute Rechte überholt? Können neu auftretende Kooperationsverhältnisse mit den Mitteln des geltenden Vertrags- und Gesellschaftsrecht geregelt werden? Wenn sich die *lex lata* insofern als unzulänglich erweist, sollten Sie einen Regelungsvorschlag *de lege ferenda* erarbeiten.

bb) Demographischer Wandel
Bislang weniger spektakulär als der technologische ist der demographische Wandel in unserem Alltag sichtbar geworden. Denn die mit dem demographischen Wandel

---

69 Vgl. *Borges*, NJW 2018, 977 ff.; *Jänich/Schrader/Reck*, NVZ 2015, 313 ff.

einhergehenden Veränderungen treten nicht plötzlich ein, sondern verändern die Gesellschaft eher unmerklich. Wenn Sie jeden Morgen in den Spiegel schauen, werden Sie nie eine Alterung bemerken. Aber so wie Ihre Wehwehchen im Laufe der Jahre zunehmen und das Alter für Sie zum Problem wird, stellt auch die Alterung unserer Gesellschaft eben diese und damit auch die Juristen vor große Herausforderungen. Es muss u. a. ein dauerhafter Interessenausgleich zwischen dem arbeitenden und dem nicht-arbeitenden Teil der Bevölkerung geschaffen werden, was zahlreiche teils zusammenhängende, teils eigenständige Probleme bei Renten und Pensionen, im Miet- und Immobilienrecht, im Kapitalmarktrecht, usw. schafft.

Auch das längste Leben geht irgendwann zu Ende. Dies gilt sogar für die Generation der Babyboomer, die sich in einem Leben, das unbeschwert war von Krieg und Katastrophen, ganz dem privaten Glück und dem Vermögensaufbau widmen konnte. In den kommenden Jahren wird Gevatter Hein immer mehr von ihnen besuchen. Mit ihrem Glück wie mit ihrem Leben ist es dann vorbei, und ihr Vermögen braucht einen Nachfolger. Das Erbrecht wird daher an praktischer Bedeutung stark zunehmen und viele neue Fragen aufwerfen.[70] Nicht nur hier wird das Privatrecht einen Ausgleich zwischen regulierendem Schutz und privatautonomer Freiheit für Personen finden müssen, die aufgrund von Demenz oder natürlicher Alterung dem allgemeinen Marktgeschehen nicht (mehr) gewachsen sind.[71] Der herkömmliche Dualismus der Geschäfts(un)fähigkeit, der nur Minderjährigen einen eigenen Status zuerkennt, wird sich auf Dauer nicht durchhalten lassen und wird schon heute (de facto) durch Sonderregeln für die ältere Generation ergänzt.

Der demographische Wandel wird auch den Arbeitsmarkt grundlegend verändern. Wie sich diese Veränderungen genau gestalten, lässt sich bislang freilich noch nicht absehen. Denn während die Digitalisierung und die neuen Fähigkeiten der KI zahlreiche traditionelle Arbeitsplätze bedrohen, nimmt gleichzeitig die Menge der (potentiellen) Arbeitnehmer ab. Bereits heute besteht in vielen Bereichen ein Mangel an Fachkräften und die Nachfrage nach Arbeitskräften im Gesundheits- und Pflegesektor wird weiter deutlich steigen. Das Arbeitsrecht, das traditionell ein Arbeitnehmerschutzrecht war, wird diesen Verschiebungen der Verhältnisse von Angebot und Nachfrage auf dem Arbeitsmarkt Rechnung tragen müssen. Das Leitbild vom starken Arbeitgeber und vom schwachen Arbeitnehmer wird (teilweise?) modifiziert werden müssen und es ist durchaus möglich, dass das Arbeitsrecht in einigen Jahren (in bestimmter Hinsicht?) ein Arbeitgeberschutzrecht wird, um den neuen Kräfteverhältnissen Rechnung zu tragen. Auch hier ist es

---

70 Vgl. nur das Gutachten A zum 68. Deutschen Juristentag 2010 von *Röthel* mit dem Titel: „Ist unser Erbrecht noch zeitgemäß?"

71 Vgl. etwa die Dissertation von *Boehm*, Der demenzkranke Erblasser, 2017; dazu *Mankowski*, FamRZ 2018, 891 f.

Aufgabe der Rechtswissenschaft, die möglichen künftigen Interessenkonflikte zu identifizieren und sinnvolle Lösungen nach der *lex lata* bzw. Regelungsvorschläge *de lege ferenda* zu entwickeln.

cc) Wandel gesellschaftlicher/moralischer Normen

Gesellschaftliche Regeln, die den Alltag prägen, sind vielfach nicht verrechtlicht. Gleichwohl stehen Moral, Sitten, usw. nicht völlig unverbunden neben dem Rechtssystem. Zum einen verweist das Recht selbst teilweise, etwa in §§ 138, 826 BGB, auf solche außerrechtlichen Normen und inkorporiert sie so in das Rechtssystem. Zum anderen bringen veränderte gesellschaftliche Regeln regelmäßig neue soziale Beziehungen und Konstellationen hervor, die zu neuen Konflikten führen. Mit diesen Konflikten muss sich dann auch das Recht auseinandersetzen. In den letzten Jahrzehnten haben sich zahlreiche neue Formen des Zusammenlebens herausgebildet, die Sexualmoral hat sich grundlegend verändert und ein ganz neues Verständnis von Gleichheit ist entstanden. Hierauf hat teilweise der Gesetzgeber wie etwa durch die Einführung der „Ehe für alle" (§ 1353 Abs. 1 S. 1 BGB) oder das AGG reagiert. Teilweise überlässt der Gesetzgeber die normative Bewältigung der neuen Probleme aber auch Rechtsprechung und Wissenschaft, wie beispielsweise den Umgang mit den immer zahlreicheren nichtehelichen, aber doch dauerhaften Lebensgemeinschaften verschiedenster Art.[72]

Gesellschaftlichen Wertewandel wird es auch weiterhin geben. Noch kaum absehbar sind die Veränderungen, zu denen es infolge des religiösen Pluralismus in Deutschland kommen wird, da wenigstens künftig nicht nur das (an gesellschaftlicher Bedeutung stetig abnehmende) Christentum, sondern auch das Judentum und der Islam sowie möglicherweise noch andere Religionen zu Deutschland gehören werden, wie es in Art. 4 Abs. 1 GG schon seit 1949 geschrieben steht. Inhalt und Grenzen der Religionsfreiheit müssen neu bestimmt werden: In welchen öffentlichen Ämtern dürfen welche religiösen Symbole getragen werden? Inwieweit ist der Ruf eines Muezzins mit dem Läuten von Kirchenglocken vergleichbar? Was für Besonderheiten gelten (nicht) bei einem Bauantrag für eine Moschee? Wie ist die Beschneidung von Kindern rechtlich zu beurteilen? Wie ist Tierschutz mit religiösen Ernährungsbestimmungen zum Ausgleich zu bringen?

Ein Wandel der Werte ist schließlich auch allgemein im Umgang mit unserer Umwelt und ihren natürlichen Ressourcen zu beobachten. So werden verstärkt Forderungen nach strengeren Regulierungen laut, durch die einer verbreitet als unverantwortbar wahrgenommenen Verschwendung Einhalt geboten werden soll. Diskussionen um einen Veggieday, die Begrenzung von Flugreisen oder gar ein

---

72 Siehe etwa *Dutta*, AcP 2016, 609 ff.

Tempolimit auf Autobahnen werden uns sicher noch viele Jahre beschäftigen. Und was spricht eigentlich dagegen, Autos künftig eine Vorrichtung einzubauen, so dass sie nicht schneller als das jeweils geltende Tempolimit fahren können?[73] Da alle etwaigen Regulierungen rechtlich um- und durchgesetzt werden müssten, bietet sich hier ein weites Feld für juristische Forschung.

Für Juristen gilt es, die vielfältigen und immer neuen gesellschaftlichen Veränderungen festzustellen, das sich daraus ergebende Konfliktpotential zu identifizieren und möglichst wirksame friedenserhaltende bzw. friedensstiftende Reaktionsmöglichkeiten aufgrund der *lex lata* oder *de lege ferenda* zu entwickeln.

dd) Wandel der Umweltbedingungen

Auch wenn die Menschen ihre Innovationskraft daransetzen, ihre Lebensbedingungen zu erhalten oder sogar zu verbessern, so gelingt dies in der Praxis doch nicht immer. Trotz und leider nicht selten gar wegen ihrer Mühen kommt es doch immer wieder zu Katastrophen, die dann auch eine Reaktion des Rechts erfordern. Das stetig wachsende Umweltbewusstsein hat seit den 1960er Jahren zur Entstehung eines bis heute expandierenden Umweltrechts geführt, dessen weiteres Wachstum zumindest auf absehbare Zeit gesichert scheint. Dabei beschränken sich die juristischen Probleme, die durch ökologische Veränderungen bzw. durch die neue Wahrnehmung dieser Veränderungen aufgeworfen werden, längst nicht mehr auf das eigentliche Umweltrecht. Der Handel mit CO_2-Emissionszertifikaten führt zu neuen Fragestellungen im Handels- und Börsenrecht; effizienzoptimierte Produkte testen die Grenzen des technisch Machbaren aus und überschreiten sie gelegentlich, wie im Diesel-Skandal oder bei der Boeing 737 max.; die Entwicklung nachhaltiger Verkehrskonzepte erfordert neue Regulierungen, nicht nur in Großstädten; die zunehmende Anzahl und Schwere an Umweltkatastrophen wie Wirbelstürmen, Überflutungen und Dürren stellt die Versicherungswirtschaft und damit auch das Versicherungsrecht vor kaum absehbare Herausforderungen. Die COVID-19-Pan-

---

[73] Siehe insofern schon sehr halbherzig Art. 6 Abs. 1 lit. a und Abs. 2 Verordnung (EU) 2019/2144 des Europäischen Parlaments und des Rates vom 27.11.2019 über die Typgenehmigung von Kraftfahrzeugen und Kraftfahrzeuganhängern sowie von Systemen, Bauteilen und selbstständigen technischen Einheiten für diese Fahrzeuge im Hinblick auf ihre allgemeine Sicherheit und den Schutz der Fahrzeuginsassen und von ungeschützten Verkehrsteilnehmern, zur Änderung der Verordnung (EU) 2018/858 des Europäischen Parlaments und des Rates und zur Aufhebung der Verordnungen (EG) Nr. 78/2009, (EG) Nr. 79/2009 und (EG) Nr. 661/2009 des Europäischen Parlaments und des Rates sowie der Verordnungen (EG) Nr. 631/2009, (EU) Nr. 406/2010, (EU) Nr. 672/2010, (EU) Nr. 1003/2010, (EU) Nr. 1005/2010, (EU) Nr. 1008/2010, (EU) Nr. 1009/2010, (EU) Nr. 19/2011, (EU) Nr. 109/2011, (EU) Nr. 458/2011, (EU) Nr. 65/2012, (EU) Nr. 130/2012, (EU) Nr. 347/2012, (EU) Nr. 351/2012, (EU) Nr. 1230/2012 und (EU) 2015/166 der Kommission.

demie hat weltweit (auch) die Rechtsordnungen erschüttert und es ist unser aller Aufgabe als Juristen, besser vorbereitet zu sein, wenn uns die nächste Pandemie treffen wird.[74]

Schließlich ist leider auch keineswegs garantiert, dass sich unsere Umweltprobleme weiter im Wesentlichen auf natürliche Probleme, d.h. Probleme der Natur beschränken. Deutschland hat das Glück, seit 1945 in einer zuvor unvorstellbar langen Periode des Friedens mit seinen Nachbarn zu leben. Aber dieser Friede ist nicht selbstverständlich, wie der Überfall Vladimir Putins auf die Ukraine am 24.2.2022 gezeigt hat. Dauerhafter Friede kann nur gesichert und wiederhergestellt werden, wenn Konflikte gewaltlos gelöst werden. Das wichtigste Mittel zur gewaltlosen Streitvermeidung und -beilegung ist aber das Recht. Es ist daher eine zentrale Aufgabe der Juristen, das Recht so anzupassen und es so weiterzuentwickeln, dass es den Frieden sichern kann. Dies gilt vor allem für das Verfassungsrecht auf nationaler, das Europarecht auf europäischer und das Völkerrecht auf internationaler Ebene. Unsere rechtlich verfasste Welt steht hier vor großen Herausforderungen. Sie können in einer Dissertation Ideen entwickeln, wie das Recht auch künftig seinen Beitrag zu einem friedlichen Zusammenleben in Europa und darüber hinaus leisten kann.

b) Wandel des Rechts

aa) Der Erlass neuer gesetzlicher Normen

Wohl am deutlichsten zeigt sich der Bedarf an (wissenschaftlicher) juristischer Arbeit, wenn neue Gesetze erlassen werden. Dann gilt es, diese neuen Normen in das Rechtssystem einzupassen, ihren Regelungsgehalt zu entfalten, Anwendungsfälle zu bestimmen und sie überzeugenden Lösungen zuzuführen, usw. Für Doktoranden mit Pioniergeist[75] haben neue Normen den Vorteil, dass sie ein zunächst noch ganz unbearbeitetes Feld vorfinden. Der Nachteil ist, dass man dieses Feld

---

74 Vgl. insofern schon *Martens*, in: Jansen/Meier (Hrsg.), Iurium itinera, 2022, S. 489, 512.

75 Wer eher die Sicherheit einer bekannten Umgebung mag, kann u.U. auf einem neuen Rechtsgebiet ohne Literatur und Rechtsprechung die Orientierung verlieren und mutlos werden. Denn ohne Präzedenzfälle muss man ohne Vorbilder alles selbst entwickeln. Dieser Zwang zur Kreativität kann, muss aber nicht belastend wirken. Sie sollten bedenken, dass Sie eben der Erste sind. Nach Kolumbus sind noch viele nach Amerika gesegelt und haben festgestellt, dass es nicht Indien ist. Trotz seines kleinen Irrtums ist Kolumbus als Entdecker unsterblich geworden und auch Sie sollten sich nicht sorgen, dass Ihre Erkenntnisse durch spätere Forschungen möglicherweise überholt werden könnten. Es liegt in der Natur aller Wissenschaften, dass ihr Wissen immer nur vorläufig ist; vgl. insofern grundlegend *Popper*, Logik der Forschung, 11. Aufl. 2005.

nicht absperren und ganz alleine bestellen kann. Es lässt sich im wissenschaftlichen Diskurs kein Exklusivrecht der Bearbeitung sichern und so werden regelmäßig auch zahlreiche andere Juristen anfangen zu pflügen und ihre eigenen Ideen zu pflanzen. Es gilt dann, all die aufkeimenden Meinungen in das eigene Werk zu integrieren und am Ende ein wohlschmeckendes Mahl aus allen gereiften Meinungen zu präsentieren, auf dessen Rezept zuvor noch niemand anderes gekommen ist. Als Thema für eine Dissertation sollte sich ein neues Gesetz daher nur nehmen, wer kreativ und wagemutig ist, schnell arbeiten kann und eine gehörige Portion Selbstvertrauen mitbringt.

bb) Probleme beim Zusammenspiel internationaler Rechtsordnungen

Auch wenn das nationale Recht den Lehrplan im Studium nach wie vor bestimmt: Die Zeiten vollkommener nationaler Souveränität sind *passé*, so sie denn überhaupt jemals Realität waren. Das Zusammenspiel von verschiedenen Rechtsordnungen stellt nicht nur Rechtstheorie und Rechtsphilosophie, sondern vor allem auch die Rechtsdogmatik vor Herausforderungen, da aus der großen Normenvielfalt *ein* Regelwerk entwickelt werden muss, das grundlegenden rechtsstaatlichen Anforderungen an Rechtssicherheit, Rechtsklarheit und Rechtsgleichheit möglichst gut genügt. Es gilt, die Reibungspunkte der Rechtsordnungen zu identifizieren und mit einem Tröpfchen geistigen Öls die Maschine des Rechts störungsfrei am Laufen zu halten. Solche Reibungspunkte können sich zum einen aus bislang noch nicht entdeckten, aber doch bereits seit geraumer Zeit bestehenden Normkonflikten ergeben. Zum anderen können aber auch Änderungen auf einer Ebene Reaktionen auf einer anderen Ebene notwendig machen. Von besonderer Bedeutung sind hier Rechtssetzungsakte der EU oder Entscheidungen des EuGH, die sich vielfach nicht auf ein punktuelles Erdbeben beschränken, sondern ihre seismographischen Wellen durch das ganze nationale Rechtssystem des jeweiligen Mitgliedsstaats schicken. Vergleichbare Erschütterungen des nationalen Rechts kann es aber auch durch andere supranationale (Teil-)Rechtsordnungen geben, die normative Ansprüche gegenüber Deutschland stellen, wie etwa die EMRK und die dazu ergehende Rechtsprechung des EGMR, das Völkerrecht der UN, usw. Auch hier ist die Entwicklung längst noch nicht abgeschlossen, sondern wird in voraussehbarer Zukunft eher für noch mehr juristischen Arbeitsbedarf sorgen.

c) Entwicklung unstrukturierten Richterrechts

Der Gesetzgeber kann weder jeden Einzelfall regeln, noch allen tatsächlichen Veränderungen umgehend Rechnung tragen. Er muss einen Teil der Normbildung daher stets den Gerichten überlassen. Indem die Gerichte Gesetze konkretisieren und fortbilden, entwickeln sie ein Richterrecht, das allerdings ohne wissenschaftliche Begleitung rechtsstaatlichen Grundbedürfnissen nach Rechtsklarheit und Rechtssicherheit mit der Zeit immer weniger genügen kann. Denn die Gerichte dürfen anders als der Gesetzgeber keine eigenen neuen Normen setzen, sondern müssen sich in der Begründung ihrer Entscheidungen stets auf das bestehende Recht beziehen und ihre Wertungen als Auslegung der Gesetze präsentieren. Diese für die richterliche Entscheidung des Einzelfalls sinnvolle Methode führt freilich langfristig zu immer größeren Diskrepanzen zwischen dem sich verselbständigenden dynamischen Richter- und dem fixierten Gesetzesrecht als seinem offiziellen Fundament. Der Rechtswissenschaft obliegt es, diese Diskrepanzen aufzuzeigen und sinnvolle Verbesserungsvorschläge zu machen. So kann man versuchen: (1.) eine überzeugendere Grundlage des Richterrechts in der *lex lata* zu finden; (2.) dem Richterrecht durch die Bildung von Fallgruppen eine Struktur zu geben und die Wertungen der Fallgruppen spezifisch herauszuarbeiten;[76] (3.) aus dem Richterrecht induktiv (neue) Normen zu entwickeln, die dann vom Gesetzgeber für eine Kodifikation des Richterrechts genutzt werden können.[77]

Die wissenschaftliche Aufbereitung des Richterrechts ist eine ewige Aufgabe, die nie zum Abschluss kommen wird, da es stets neue aktuelle Rechtsprechung gibt. Besonders groß ist der Bedarf an Strukturierung allerdings regelmäßig bei Richterrecht, das sich auf Generalklauseln stützt, sowie dann, wenn der Gesetzgeber in einem bestimmten Bereich lange untätig bleibt und sich seiner Regelungsaufgabe entzieht (wie etwa im Bereich des kollektiven Arbeitsrechts).

d) Historisch bedingte (Un-)Stimmigkeiten des Rechts

Dem Recht wohnt stets, auch wenn es seit der frühen Neuzeit häufig als Mittel zur positiven Gestaltung der Gesellschaft eingesetzt wird, etwas Konservativ-Bewahrendes inne, da es der Faktizität des Seins seinen normativen Anspruch des Sollens entgegensetzt. Denn mag das Recht auch beharrlich neue derartige Ansprüche formulieren, so beziehen sich seine Normen doch immer auf den bisherigen Rechtszustand, der durch das Neue konstruktiv fortentwickelt oder revolutionär

---

76 Besonders anschaulich sind insofern die Kommentierungen zu § 242 BGB oder zu den Informationspflichten bei § 123 BGB.

77 Im allgemeinen Schuldrecht sind hier besonders prominent die Institute des Wegfalls der Geschäftsgrundlage und der *culpa in contrahendo*, die einst von der Wissenschaft erfunden und heute in § 313 BGB bzw. §§ 311 Abs. 2, 241 Abs. 2, 280 Abs. 1 BGB kodifiziert sind.

umgeworfen wird.[78] Das Recht ist daher ein historisches Phänomen, dessen Entwicklung sich nur in dieser historischen Dimension verstehen lässt.[79] Vor allem der Kern des allgemeinen Privatrechts hat tiefe Wurzeln, die zu einem guten Teil bis ins römische Recht zurückreichen.[80] Aber auch dort, wo der moderne Gesetzgeber ganz neue Rechtsgebiete geschaffen hat, gehen die größeren Strukturen häufig auf Axiome und Vorstellungen älteren Datums zurück. Übergreifende Ideen, Prinzipien und Denkmuster wandeln sich weitaus langsamer als einzelne Normen.

Wollte man eine Rechtsordnung nach rein rationalen Kriterien ganz neu auf einer *tabula rasa* entwickeln, so hätte sie vielleicht einen ähnlichen Inhalt, aber sicher eine völlig andere Gestalt als das geltende Recht. Bei der Freilegung der historischen Fundamente des Rechts ist noch manche archäologische Pionierarbeit zu leisten. Solch eine Dogmengeschichte zeigt zunächst einmal die historische Kontingenz der *lex lata* auf. Durch das Verständnis für die ursprüngliche Regelungsproblematik kann aber auch Reformbedarf erkennbar werden, wenn deutlich wird, dass das ursprüngliche Regelungsproblem nicht mehr oder jedenfalls nicht mehr in seiner einstigen Form existiert.[81] Als Gründe für Veränderungen kommen alle bereits angesprochenen Formen des Wandels tatsächlicher und rechtlicher Umstände in Betracht, deren Auswirkungen bei einer rechtshistorischen Untersuchung lediglich über einen längeren und eben vergangenen Zeitraum analysiert werden müssen.

e) Gemeinsamkeiten und Unterschiede bei der Behandlung eines Sachproblems in unterschiedlichen Rechtsordnungen

Verständnis für die Kontingenz der eigenen Rechtsordnung fördert insbesondere auch die Auseinandersetzung mit ausländischem Recht. Ein reiner Textvergleich auf der Normenebene ist dabei freilich regelmäßig wenig hilfreich. Das liegt schon daran, dass die Gesetze zweier Rechtsordnungen nur selten in derselben Sprache

---

78 Jede Revolution bewahrt daher paradoxerweise auch etwas von dem, was sie zu überwinden trachtet. Es lässt sich sogar nicht selten beobachten, dass Revolutionäre nach kurzer Zeit vollständig in die Verhaltensweisen verfallen, die sie zu Beginn der Revolution noch auf das Schärfste bekämpft hatten.

79 Vgl. zeitlos *v. Savigny*, Ueber den Zweck dieser Zeitschrift, Zeitschrift für geschichtliche Rechtswissenschaft 1 (1815), 1, 2 ff.

80 Vgl. grundlegend *Zimmermann*, The Law of Obligations, 1992; einführend auch *Harke*, Römisches Recht, 2. Aufl. 2016; insbesondere S. 27–34.

81 Für den Versuch einer solchen Dogmengeschichte vgl. etwa meine Dissertation *Martens*, Durch Dritte verursachte Willensmängel, 2007.

geschrieben sind. Sobald Gesetze aber in unterschiedlichen Sprachen verfasst sind, wird unmittelbar einsichtig, dass ihnen auch eine unterschiedliche Terminologie zugrunde liegt. Eben diese Unterschiede, aber auch Gemeinsamkeiten von Normen, Begriffen, Prinzipien und Strukturen der Rechtsordnungen gilt es herauszuarbeiten, um dadurch ein tieferes Verständnis für die jeweiligen einzelnen Rechtsordnungen zu entwickeln.

Für einen Rechtsvergleich eignen sich allerdings nicht immer alle Rechtsordnungen. Sinnvoll vergleichen lassen sich grundsätzlich nur Rechtsregeln, die ähnliche Regelungsprobleme adressieren. Dabei gilt es, sich nicht von der Begrifflichkeit der jeweiligen Rechtsordnungen verwirren zu lassen. Wörter können gleich klingen und doch ganz unterschiedliche Bedeutungen haben. Sachlich gleiche Probleme wiederum können vom Recht ganz unterschiedlich bezeichnet und in das eigene System eingeordnet werden. Eben der Nachweis solch verschiedener Regelungsmöglichkeiten ist ein wertvolles Ergebnis rechtsvergleichender Forschung. Um solch einen Nachweis erbringen zu können, muss man allerdings zunächst einmal die Binnenperspektive aller zu untersuchenden Rechtsordnungen verlassen und das für den geplanten Rechtsvergleich zentrale Regelungsproblem aus der Außenperspektive bestimmen. Bei diesem Regelungsproblem sollte es sich um ein Sachproblem von gewisser sozialer Bedeutung handeln. Wenig ertragversprechend ist der Vergleich von Rechtsnormen, wenn diese in einer der untersuchten Rechtsordnungen eigentlich keine praktische Relevanz haben. So mag es in manchen Ländern ein technisch hochinteressantes IPR geben, das aber doch keine rechte Geltung besitzt, wenn mangels einer hinreichenden Anzahl von Sachverhalten mit Auslandsbezug keine praktischen Fälle existieren. Auch im Gesellschaftsrecht ist zu beachten, dass die unterschiedlichen Gesellschaftsformen nicht in allen Ländern in gleicher Verteilung vorhanden sind. Personengesellschaften etwa kommen in manchen Ländern praktisch gar nicht vor; ein Vergleich des deutschen Personengesellschaftsrechts mit dem solcher Länder ist daher kaum sinnvoll.

Naheliegend ist der Vergleich verwandter Rechtsordnungen, wenn etwa bestimmte Regelungen einer Mutterrechtsordnung in einer Tochterrechtsordnung rezipiert worden sind. Hier entwickelt sich das rezipierte regelmäßig (aber nicht immer!) anders als das ursprüngliche Recht und es ist interessant zu untersuchen, worauf diese unterschiedlichen Entwicklungen beruhen.[82] Interessant kann es aber auch sein, (scheinbar) ganz verschiedene Rechtsordnungen zu vergleichen und zu prüfen, ob hinter den Unterschieden nicht vielleicht doch tiefere Gemeinsamkeiten

---

82 Für das Verhältnis der Schweiz (als Mutterrechtsordnung) und der Türkei (als Tochterrechtsordnung) etwa *Breitschmid/Ansay* (Hrsg.), 100 Jahre Schweizerisches ZGB, 80 Jahre Türkisches ZGB, 2008.

verborgen sind. Abzuraten ist lediglich davon, zwei Rechtsordnungen nach un-sachlichen Kriterien zum Vergleich auszusuchen, z. B. weil Sie in einem bestimmten Land einen Auslandsaufenthalt verbracht haben oder seine Sprache sprechen. Solche praktischen Erfahrungen sind bei einem aus anderen Gründen sinnvollen Vergleich natürlich von Vorteil; sie können den Sinn ihres rechtsvergleichenden Projekts aber nicht ersetzen.

VI. Die Methode

Wenn Sie sich für ein Thema entschieden haben, dann gilt es, die für Ihr Thema passende Methode zu wählen. „Methode" bedeutet übersetzt soviel wie „planvolles Zugehen auf ein Ziel".[83] *Ihr* Ziel ist die Lösung Ihres Problems, d.h. die neue Erkenntnis, die sich bei der Arbeit an Ihrem Thema ergeben soll. Die Wahl Ihrer Methode ist also nicht beliebig, sondern die Methode soll Sie auf einem möglichst einfachen Weg zum Ziel bringen. Die Einfachheit der Lösung, d.h. ihre möglichst geringe Abhängigkeit von Hilfshypothesen, ist allgemein eines der wichtigsten Kriterien wissenschaftlicher Qualität.[84] Sie ist allerdings nicht der einzige Wert. Vielmehr sind ästhetische Werte wie Eleganz und Schönheit ebenfalls allgemein anerkannt und auch in den Rechtswissenschaften können neue, gegebenenfalls etwas verschlungene Pfade zu bereits bekannten Ergebnissen gelegentlich interessante Perspektiven eröffnen. Dennoch sollten Sie sich im Zweifel stets fragen, ob ein Umweg wirklich lohnt oder ob nicht der kürzere Weg doch der bessere ist. In jedem Fall sollten Sie sich aber vergewissern, dass die von Ihnen eingeschlagene Route wirklich zum Ziel führt.

Die Methode muss zu Ihrem Thema passen. Häufig steht bei einem Promotionsprojekt allerdings zunächst die Methode fest, zu der man sich dann ein passendes Thema sucht. So wollen etwa viele eine rechtsvergleichende Dissertation schreiben und wählen erst nach dieser Festlegung das eigentliche Thema, d.h. den sachlichen Vergleichsgegenstand. Diese Umkehrung der Wahl von Thema und Methode ist nicht grundsätzlich problematisch, da es für jede etablierte juristische Methode unabsehbar viele sinnvoll zu bearbeitende Themen gibt. Sie sollten sich aber bewusst sein, dass die Methode immer nur dienende Funktion haben kann. Natürlich können (und sollten) Sie bei Ihrer Arbeit gelegentlich Ihr Thema im Hinblick auf Ihre Methode modifizieren. Sie sollten Ihr Ziel aber nicht aus dem Blick verlieren und am Ende in Moskau statt in Rom ankommen, bloß weil der Weg dorthin bequemer war. Das Thema muss festlegen, wohin die Reise geht, und es muss die Methode bestimmen; nicht umgekehrt. Dies bedeutet, dass Sie jede Methode für Ihr spezielles Thema anpassen und konkretisieren müssen. Wenn im Folgenden die wichtigsten allgemein gebräuchlichen juristischen Methoden vorgestellt werden, so müssen Sie also stets bedenken, dass Sie diese Methoden nur in einer für Ihr Thema angemessen angepassten Form nutzen dürfen.

---

83 Aus dem Griechischen als: „Verfolgen eines Ziels im geregelten Verfahren" *Ritter*, in: Ritter/ Gründer (Hrsg.), Historisches Wörterbuch der Philosophie, Bd. V, 1980, 1304–1305.
84 *Oberschelp*, in: Ritter (Hrsg.), Historisches Wörterbuch der Philosophie, Bd. II, 1972, 388–389; zur Problematik des Begriffs der „Einfachheit" etwa *Popper*, Logik der Forschung, 11. Aufl. 2005, S. 115 ff.

https://doi.org/10.1515/9783110986419-007

1. Rechtsdogmatik

Rechtsdogmatik ist ein Begriff, den es außerhalb des deutschen Sprachraums so nicht gibt. Für die deutsche Rechtswissenschaft scheint er aber geradezu konstitutiv. Dennoch gibt es auch hier keine allgemein akzeptierte Definition und es ist keineswegs klar, was unter Rechtsdogmatik genau zu verstehen ist.[85] Die begriffliche Unschärfe liegt darin begründet, dass der Begriff den spezifisch deutschen Rechtsdiskurs bezeichnet, der von einem Zusammenspiel von Wissenschaft und Praxis geprägt ist, die gemeinsam und aufeinander bezogen das geltende Recht zur Anwendung bringen und gestalten. Diese (Zusammen-)Arbeit unterscheidet sich je nach Rechtsgebiet nicht nur im Detail,[86] so dass eine präzisere Definition der (allgemeinen) Rechtsdogmatik nicht möglich ist. Hervorzuheben sind lediglich einzelne Begriffe, die in nahezu allen Teildiskursen verwendet werden, wie etwa das System, das subjektive Recht, das Rechtsgeschäft, die Rechtsnorm, das Rechtsprinzip, die Rechtsquelle, die Auslegung, die Rechtsfortbildung, usw.

Die dogmatische Methode bezieht sich also auf das geltende Recht. Sie dient der wissenschaftlichen Aufbereitung der *lex lata*, um deren Anwendbarkeit in der Praxis zu verbessern. Die Notwendigkeit dieses Praxisbezugs wurde und wird zwar von manchen bestritten, aber Sie sollten sich trotzdem davor hüten, „reine" Dogmatik zu betreiben.[87] Rechtswissenschaft verliert als Glasperlenspiel ihren Sinn und wird deshalb regelmäßig zum (legitimen) Gegenstand von Witzen.[88]

Dogmatisch arbeiten Sie, wenn Sie das geltende Recht mit den gebräuchlichen Methoden des jeweiligen Teilrechtsgebiets bearbeiten. Leider sind diese Methoden allgemein kaum aufgearbeitet. Detailliert beschrieben werden in den einschlägigen Lehrbüchern regelmäßig lediglich die traditionellen Auslegungskanones und die akzeptierten Formen der Rechtsfortbildung.[89] Diese Methoden müssen Sie selbstverständlich bei Ihrer Arbeit beachten. Es genügt für eine Doktorarbeit allerdings zumeist nicht, wenn Sie eine einzelne Gesetzesvorschrift methodengerecht auslegen und/oder fortbilden. Verlangt wird vielmehr eine darüberhinausgehende

---

85 Monographisch *Bumke*, Rechtsdogmatik, 2017; *Flohr*, Rechtsdogmatik in England, 2017. Als „Inhalt juristischer Argumentation" beschreibt Dogmatik *Lennartz*, Dogmatik als Methode, 2017, S. 128 ff.
86 Vgl. etwa für das Gesellschaftsrecht anschaulich *Mülbert*, Einheit der Methodenlehre? – Allgemeines Zivilrecht und Gesellschaftsrecht im Vergleich, AcP 214 (2014), 188 ff.
87 Vgl. zur Spannung zwischen Praxisbezug und Grundlagenorientierung *Stürner*, AcP 214 (2014), 7 ff.
88 Vgl. nur grundlegend *Jhering*, Scherz und Ernst in der Jurisprudenz, 1884.
89 Auch hier können sich durchaus Unterschiede im Hinblick auf einzelne Rechtsgebiete ergeben; vgl. etwa für das Verhältnis des Gesellschaftsrechts zum allgemeinen Privatrecht *Mülbert*, AcP 214 (2014), 188 ff.

Leistung, indem Sie größere („dogmatische") Zusammenhänge herstellen und übergreifende Gedanken entwickeln. Rechtsdogmatik zeichnet sich in Deutschland dadurch aus, dass sie dem Recht tiefere Strukturen gibt, es auf den Begriff bringt und ein theoretisches System erarbeitet, in dem sich die einzelnen Vorschriften wertungsgerecht einfügen. Wie man dabei genau vorzugehen hat, ist freilich kaum geklärt.[90]

Auch hier kann keine vollständige Methodik rechtswissenschaftlicher Arbeit entwickelt werden. Allerdings lassen sich einige wichtige Arbeitsschritte dogmatischer Arbeit ausmachen. Als erstes müssen Sie einen Problemkreis im Recht identifizieren. Solche Problemkreise existieren nicht an und für sich, sondern werden von Ihnen durch einen (oder mehrere) Gedanken geformt, der den Zusammenhang herstellt. Diesen Grundgedanken müssen Sie herausarbeiten. Sie müssen ihn zudem gegenüber anderen möglichen Grundgedanken abgrenzen und zeigen, dass der Erklärungswert Ihres (neuen) Grundgedankens am größten ist.[91] Ein besonders hervorragendes Beispiel solcher Arbeit bildet bis heute die Habilitationsschrift von *Claus-Wilhelm Canaris*, in der er „Die Vertrauenshaftung im deutschen Privatrecht" als neuen Problemkreis herausarbeitete.[92] Für eine Dissertation sollten Sie aber natürlich viel kleinere Kreise ziehen und können durchaus auch auf bereits bekannte Kreise zurückgreifen.

Wenn Sie den Problemkreis Ihrer Arbeit abgesteckt haben, können und müssen Sie sich der Lösung der in ihm enthaltenen Probleme zuwenden. Sie sollten sich allerdings nicht gleich auf das erstbeste Problem stürzen, sondern Ihren Problemkreis zunächst systematisch aufbereiten, damit Sie kein Problem übersehen. Die systematische und vollständige Analyse des Problemkreises ist nicht selten der schwierigste Teil einer Dissertation, da es kaum Anleitungen dafür gibt, wie man so etwas macht. Sie sollten zunächst nach einem Oberbegriff suchen, der Ihren gesamten Problemkreis beschreibt. Dieser Begriff kann Ihr Grundgedanke sein oder sich aus diesem Grundgedanken ergeben. In weiteren Schritten sollten Sie den Oberbegriff dann aufspalten und immer feinere Unterscheidungen vornehmen, bis eine weitere Untergliederung keinen zusätzlichen Erkenntnisfortschritt mehr mit sich bringt. Dies ist der Fall, wenn eine *sachlich* mögliche Differenzierung *rechtlich* bedeutungslos ist. So kann man zwar sachlich danach unterscheiden, ob ein VW-Golf oder ein VW-Touareg beschädigt wird. Im Hinblick auf einen Schadensersatzanspruch nach § 823 Abs. 1 BGB gegen den Fahrer eines solchen Autos spielt diese Unterscheidung aber keine Rolle. Anders mag es im Rahmen der Gefährdungshaf-

---

90 Für einen Versuch *Lennartz*, Dogmatik als Methode, 2017, S. 172 ff.
91 Dabei müssen Sie zeigen, dass Ihr Grundgedanke (1.) mehr erklärt und (2.) weniger bzw. geringere Probleme aufwirft als alle anderen theoretisch möglichen Grundgedanken.
92 *Canaris*, Die Vertrauenshaftung im deutschen Privatrecht, 1967.

tung nach dem StVG aufgrund des unterschiedlichen Gefahrenpotentials beider Wagentypen sein.[93] Bei der Aufspaltung Ihres Oberbegriffs sollten Sie stets versuchen, zwei sich entgegengesetzte Extrempole zu finden, und dann anschließend den Raum zwischen den Polen auszufüllen. Am Anfang ist es dabei sinnvoll, möglichst viele solcher Gegensatzpaare zu bilden. Diese Vorarbeiten sollten Sie dann aber nicht ohne Weiteres in Ihre Niederschrift aufnehmen. Zuvor müssen Sie nämlich noch das Verhältnis der verschiedenen Gegensatzpaare zu einander klären. Denn diese Paare liegen nicht unbedingt auf einer analytischen Ebene. Große wie kleine Äpfel können grundsätzlich sowohl süß als auch sauer sein, so dass es hier insgesamt vier Kombinationsmöglichkeiten gibt. Handelt es sich bei den von Ihnen geprüften Äpfeln aber um eine einzige, säuerliche Sorte, dann reduziert sich die Anzahl der relevanten Kombinationsmöglichkeiten auf zwei. Viele Mängel von Rechtsnormen oder dogmatischen Theorien beruhen auf einer fehlerhaften Gleichstellung analytisch zu unterscheidender Dinge.[94]

Wenn Sie alle Probleme innerhalb Ihres Problemkreises identifiziert haben, können Sie sich endlich ihrer Lösung zuwenden. Üblich, aber fehlerhaft im Sinne der dogmatischen Methode ist es, zu einem Problem die bislang vertretenen Theorien darzustellen, um dann im Anschluss die eigene Meinung zu entwickeln. Denn die Darstellung der im Diskurs bislang entwickelten Lösungen entspricht der *rechtshistorischen* Methode. Dort müssen Sie sich sogar auf diese Darstellung der Fakten beschränken und dürfen keine neuen Meinungen erfinden, die es tatsächlich nicht gab. Bei einer *dogmatischen* Arbeit gilt es aber, *alle möglichen* Lösungen systematisch aufzuzeigen und sich dann begründet für eine von ihnen zu entscheiden. Die bloße empirische Bestandsaufnahme der bekannten Theorien kann keineswegs den eigentlich geforderten wissenschaftlichen Nachweis der Vollständigkeit liefern. Es ist letztlich bloß historischer Zufall, ob alle Lösungsmöglichkeiten bereits entwickelt bzw. vorgeschlagen wurden.[95]

Richtigerweise muss also jede Frage systematisch auf sämtliche mögliche Antworten überprüft werden. Für den Aufbau bedeutet das: Sie müssen strukturiert vorgehen und systematisch alle denkbaren Lösungen entwickeln. Erst dann sollten

---

[93] In diese Richtung etwa AG Solingen, NJW-RR 2015, 1168 bei einem Unfall zwischen einem Lkw und einem Pkw.

[94] So werden herkömmlich unter dem Begriff der Willensmängel Irrtum, Täuschung und Drohung zusammengefasst, obwohl nur der Irrtum sinnvoll als Willensmangel bezeichnet werden kann, während Täuschung und Drohung selbst keine Willensmängel, sondern allenfalls (bestimmte) Ursachen von Willensmängeln sind; vgl. näher Soergel/*Martens*, 14. Aufl. 2023, § 123 BGB Rn. 4.

[95] Regelmäßig weisen Sie die Unvollständigkeit der bisherigen Diskussion schon dadurch auf, dass Sie selbst Ihre eigene neue Lösung präsentieren. Warum sollte es dann aber nicht noch weitere mögliche Lösungen für Ihr Problem geben? Siehe auch noch unten, Text bei Fn. 99.

Sie überprüfen, welche dieser Lösungen bereits vertreten worden sind. Sie sollten *alle* (d. h. nicht bloß die vertretenen!) Lösungen in einer nachvollziehbaren Ordnung mit *allen* (d. h. nicht bloß den vertretenen!) Argumenten pro und contra präsentieren. Natürlich müssen Sie mit Belegen nachweisen, welche der Lösungen mit welchen Argumenten schon vertreten worden sind. In einer dogmatischen Arbeit dürfen Sie sich aber nicht auf die Darstellung des bereits Gesagten beschränken, sondern müssen wissenschaftliche Vollständigkeit anstreben. Bei der Entwicklung aller möglichen Lösungen ist Ihre juristische Kreativität gefragt. Allerdings müssen Sie in der Regel nicht bei Null anfangen, sondern können auf die Erkenntnisse der jeweiligen Teildisziplin zurückgreifen. Häufig ist es auch hier sinnvoll, zunächst möglichst zwei einander entgegengesetzte extreme Lösungen zu formulieren und dann (meist überzeugendere) Theorien zu konstruieren, die zwischen diesen Extrempunkten vermitteln. So gibt es etwa im Strafrecht regelmäßig eine subjektive und eine objektive Theorie sowie eine oder mehrere dazwischenliegende Ansichten. Eine in der Terminologie ähnliche Differenzierung findet sich auch im Privatrecht, indem der Privatautonomie mehr oder weniger Bedeutung zugebilligt wird, wenn Rechtsgeschäfte entweder subjektiv nach dem, ggf. mühsam ermittelten, Willen der Beteiligten oder objektiv mittels des dispositiven Rechts bzw. seiner Interpretation durch Rechtsprechung oder Wissenschaft ergänzt werden.

Für welche der möglichen Lösungen Sie sich entscheiden, ist weniger wichtig als die Begründung dafür. Diese Begründung muss vor allem mit der übrigen Argumentation Ihrer Arbeit konsistent sein. Im besten Fall folgt sie in möglichst wenigen Schritten aus dem Ihrer Dissertation zugrundeliegenden Grundgedanken. Überhaupt sollten Sie darauf achten, dass Sie möglichst sparsam mit Wertungen umgehen. Auch noch so gut begründete Wertungen weisen ein irreduzibles subjektives Element auf, das sich anzweifeln lässt. Je weniger Wertungen Sie vornehmen, desto weniger möglichen Zweifeln setzen Sie sich aus und desto überzeugender wird Ihre Arbeit.

Meist wird es für eine Doktorarbeit nicht genügen, ein einzelnes Problem dogmatisch sauber zu lösen. Die von Ihnen erwartete promotionswürdige Leistung besteht vielmehr darin, eine „Theorie" mit einem größeren Erklärungspotential zu entwickeln, die zur Lösung einer (unbestimmten) Vielzahl von Problemen verwendet werden kann. Es ist nicht ganz klar, was überhaupt gemeint ist, wenn Juristen von einer „Theorie" sprechen, und was genau den Unterschied zwischen solchen „Theorien" und bloßen Meinungen ausmacht.[96] Inhaltlich lassen sich freilich zwei Typen von Theorien unterscheiden.

---

96 Vgl. insofern *K. Schmidt*, MaKSimen, KSenien, RefleKSionen, heute: „Theorien und Theoriechen", JuS 2012, XLVVII.

Zum einen kann eine dogmatische Theorie einen neuen Begriff mit bestimmten Eigenschaften entwickeln und so das Recht begreifbar machen. Wenn der Begriff einschlägig ist, d. h. seine sachlichen Voraussetzungen erfüllt sind, dann treten auch die mit ihm verbundenen Rechtsfolgen ein. Ein solcher Begriff ist also nichts anderes als ein in einem Wort konzentrierter Rechtssatz. Da Sie als Wissenschaftler zu eigenständiger Rechtssetzung nicht befugt sind, müssen Sie die von Ihnen geformten Begriffe auf das Recht zurückführen. Welche Intensität diese Verbindung haben muss und ob und wie sich die dogmatische Begriffsbildung von gewöhnlicher Auslegung unterscheidet, ist bis heute nicht abschließend geklärt.[97] Sie müssen hier Ihren eigenen und für Sie richtigen Standpunkt finden. Erfolgreich wird Ihr neuer Begriff sein, wenn er erstens eingängig ist und die Dinge auf den Punkt bringt und zweitens ein (erhebliches) Erklärungspotential hat, das Sie entfalten müssen, indem Sie den Begriff in möglichst vielen Konstellationen zur Anwendung bringen und zeigen, dass und wie er zur angemessenen Lösung der jeweiligen Rechtsprobleme beiträgt. Wichtig ist vor allem, dass Sie an Ihrem Begriff arbeiten. Ihre erste Idee kann durchaus ein Rohdiamant sein; wertvoll wird er aber nur durch den sauberen und sorgfältigen Schliff, den Sie ihm geben. Nehmen Sie sich insofern Zeit und geben Sie sich Mühe! Definieren Sie präzise und spielen Sie den Begriff in allen Situationen durch, die Ihnen (wann auch immer) einfallen. Solche genaue Arbeit am Begriff und an (Legal-)Definitionen wird leider allzu häufig vernachlässigt, was dann vermeidbare rechtstechnische Fehler zur Folge hat.[98]

Zum anderen kann eine Theorie dem Recht eine feste Gestalt verleihen, indem sie eine neue Systematik entwickelt, in der alles seine Ordnung hat.[99] Für jedes Sachproblem gibt es dann einen Ort, wo man den zu ihm passenden Rechtssatz und damit auch seine Lösung finden kann. Auch ein solches System behauptet stets einen Rechtssatz. Der Grad der sachlichen Wertung kann dabei variieren. Ein System kann sich tatsächlich auf eine Ordnungsfunktion beschränken. Es bildet dann nur eine Art Kollisionsrecht, das die Sachprobleme den für sie relevanten Normen zuweist und so bloß wiederholt, was ohnehin gilt. Zumeist aber ist mit einem neuen Systementwurf ein weitergehender normativer Anspruch verbunden, bei dem sich übergreifende Wertungen im Zweifel gegenüber einzelnen Normen durchsetzen sollen, die dann gegebenenfalls „systemkonform" angepasst werden

---

97 Dazu *Lennartz*, Dogmatik als Methode, 2017, S. 172 ff.

98 Vgl. für das BGB nur etwa die missglückte Legaldefinition der Rechtsfähigkeit in § 14 Abs. 2 BGB (dazu BeckOK/*Martens* § 14 BGB Rn. 5) sowie die neuen Legaldefinitionen der Funktionalität, Kompatibilität und Interoperabilität in § 327e Abs. 2 S. 2 bis 4 BGB, die im allgemeinen Kaufrecht, insbesondere im Rahmen des § 434 BGB, nicht gelten (dazu näher *Martens*, Schuldrechtsdigitalisierung, 2022, Rn. 68 f.).

99 Grundlegend *Canaris*, Systemdenken und Systembegriff in der Jurisprudenz, 1969.

müssen. Auch hier ist die Zulässigkeit solcher Operationen mit einem „System" sehr umstritten,[100] was freilich die deutsche Rechtswissenschaft nicht daran hindert, weiter fleißig neue Systeme zu entwickeln, und auch Sie dürfen sich an dieser Aufgabe versuchen!

Begriffs- und Systembildung lassen sich zwar theoretisch klar unterscheiden. Wenn Sie Ihre eigene neue dogmatische Theorie entwickeln, werden Sie aber meist sowohl einen oder mehrere neue Begriffe bilden als auch systematisierend arbeiten, indem Sie den oder die neuen Begriffe in das überkommene System des jeweiligen Rechtsgebiets integrieren. Wichtig ist indes, dass Sie sich der unterschiedlichen Aufgaben stets bewusst sind und sich mit den jeweils einschlägigen methodischen Anforderungen vertraut machen. Sie müssen und sollen die Grundlagen der System- und Begriffsbildung nicht neu erfinden. Hier geht es im Kern nicht einmal um spezifisch juristische, sondern allgemein wissenschaftliche Methoden, und es ist sinnvoll, hier zunächst einmal eine Einführung in die allgemeine Wissenschaftstheorie zu lesen,[101] um dann die Besonderheiten der Jurisprudenz zu studieren.

2. Funktionale Problemanalyse in Raum und Zeit

Die besonderen Schwierigkeiten der dogmatischen Methode liegen bei den dort geforderten kreativen Leistungen, insbesondere (1.) bei der Identifikation *aller* Probleme in einem bestimmten Problemkreis und (2.) bei der Ermittlung *aller* möglichen Lösungen dieser Probleme. Wenn Sie sich Ihrer eigenen Kreativität nicht sicher sind oder sich einfach nur inspirieren lassen wollen, bietet es sich an nachzuschauen, was sich andere Juristen zu anderen Zeiten und/oder an anderen Orten ausgedacht haben. Diesem Zweck dienen vor allem die Rechtsvergleichung und die Dogmengeschichte. Beide Methoden sind eng mit einander verwandt und regelmäßig benutzen insoweit interessierte Wissenschaftler sie gleichermaßen.[102]

---

100 Grundlegend *Höpfner*, Die systemkonforme Auslegung, 2008.
101 Siehe etwa *Kornmesser/Büttemeyer*, Wissenschaftstheorie – Eine Einführung, 2020.
102 Zur Verbindung von Rechtsvergleichung und Rechtsdogmatik vgl. etwa *Kötz*, RabelsZ 54 (1990), 203 ff.; siehe auch *Kischel*, Rechtsvergleichung, 2015, S. 74 ff.; exemplarisch für eine rechtshistorisch-rechtsvergleichende Untersuchung *Zimmermann*, The Law of Obligations, 1992. Siehe für Anwendungsbeispiele der historisch-rechtsvergleichenden Methode auch die Beiträge in *Jansen/Meier* (Hrsg.), Iurium itinera, 2022.

a) Rechtsvergleichung

Rechtsvergleichung[103] ist interessant, aber schwierig. Die Schwierigkeiten bestehen darin, dass es zum einen gar nicht so einfach ist zu bestimmen, was überhaupt verglichen werden soll, und dass zum anderen der Vergleich selbst kompliziert ist.

Die Vergleichsgegenstände sind nur auf den ersten Blick klar: (Mindestens) zwei Rechte sollen verglichen werden. Allerdings wird man wohl kaum jemals zwei oder gar mehrere Rechtsordnungen vollständig mit einander vergleichen wollen. Verglichen werden normalerweise nur bestimmte Aspekte oder Ausschnitte der Rechtsordnungen. Dann stellt sich aber die Frage, warum gerade diese Elemente der jeweiligen Rechtsordnungen ausgewählt wurden. Dies müssen Sie begründen. Eher selten werden Normen verglichen, die allein sprachlich ähnliche Formulierungen aufweisen. Rechtsordnungen entwickeln regelmäßig ihre ganz eigene Terminologie. Ihre Begriffe weisen daher häufig einen sehr unterschiedlichen sachlichen Gehalt auf. Unter „mistake" verstehen die Engländer z. B. etwas Anderes als ein deutscher Zivilrechtler unter einem Irrtum iSd § 119 BGB und der „erreur" im französischen Code civil hat wieder seine ganz eigene Bedeutung. Sprachlich scheinbar gleich gefasste Normen können daher tatsächlich ganz verschiedene Sachprobleme regeln.

Um sich nicht von den kontingenten sprachlichen Besonderheiten der Rechtsordnungen bestimmen zu lassen, ist es nötig, die Vergleichsgegenstände nach inhaltlichen Kriterien zu bestimmen. Zu diesem Zweck hat sich die sogenannte funktionale Methode der Rechtsvergleichung etabliert.[104] Dabei wird in einem ersten Schritt ein tatsächliches Regelungsproblem identifiziert; z. B. wie werden die Schäden bei einem Verkehrsunfall reguliert? Der Rechtsvergleicher muss sich dabei möglichst von den vertrauten Kategorien der Rechtsordnungen und den sich daraus ergebenden Vor-Urteilen lösen. Erst wenn mit dem Sachproblem das *tertium comparationis* gefunden ist, können Sie in einem zweiten Schritt analysieren, wie die jeweiligen Rechtsordnungen mit diesem Problem umgehen, d. h. ob und gegebenenfalls wie sie es einer Lösung zuführen. Um ein Sachproblem anschaulich zu

---

103 *Sacco/Rossi*, Einführung in die Rechtsvergleichung, 3. Aufl. 2017; *Kischel*, Rechtsvergleichung, 2015; *Zweigert/Kötz*, Einführung in die Rechtsvergleichung, 3. Aufl. 1996; *Reimann/Zimmermann* (Hrsg.), The Oxford Handbook of Comparative Law, 2006; *Gamper*, Rechtsvergleichung als juristische Auslegungsmethode, 2013; *v Sachsen Gessaphe*, Rechtsvergleichung, Erscheinen für 2024 angekündigt.
104 Einführend *Kischel*, Rechtsvergleichung, 2015, S. 93 ff.; *Michaels*, in: Reimann/Zimmermann (Hrsg.), The Oxford Handbook of Comparative Law, 2006, S. 339 ff.; zur Kritik an diesem Ansatz *Piek*, ZEuP 2013, 60 ff.

fassen, können Sie auch einen (fiktiven) Fall bilden und seine Lösungen in den von Ihnen ausgewählten Rechtsordnungen untersuchen.[105]

Nicht selten bleiben Dissertationen an diesem Punkt stehen und erschöpfen sich in bloßen Länderberichten. Ein Vergleich hat indes bis jetzt noch gar nicht stattgefunden, sondern Sie haben bislang nur das Datenmaterial gesammelt, das Sie für einen Vergleich benötigen. Die wesentliche Leistung ist also noch zu erbringen. Konsequent aus Ihrem bisherigen Vorgehen folgte eine neutrale, d. h. wertungsfreie Darstellung der Gemeinsamkeiten und Unterschiede zwischen den Rechtsordnungen bei der Behandlung des Regelungsproblems. Da die Details bereits in den Länderberichten enthalten sind, gibt es bei der schriftlichen Ausarbeitung des Rechtsvergleichs zwei Möglichkeiten:[106] Sie können ganz auf die Länderberichte verzichten und allein den Vergleich ausarbeiten. In diesem Fall stellen Sie eingangs lediglich das Regelungsproblem dar und schildern anschließend die Lösungsmöglichkeiten der Rechtsordnungen im Vergleich, indem Sie systematisch die auftauchenden Sachfragen der Reihe nach abarbeiten. Auf die Details gehen Sie also jeweils bei diesen einzelnen Sachfragen ein. Sie bereiten so das Material vollständig auf. Die Länderberichte dagegen teilen dagegen das Schicksal Ihrer übrigen vorbereitenden Notizen und landen nach Fertigstellung der Dissertation in den Akten oder im Papierkorb.

Häufiger wird das Material allerdings zunächst roh, nämlich in Form klassischer Länderberichte inklusive aller Details präsentiert. Dieses Vorgehen hat den Vorteil, dass Sie dem Leser die Daten erst einmal so neutral wie möglich, d. h. unter (weitestgehender)[107] Enthaltung einer eigenen Wertung, zeigen. Beim anschließenden Vergleich können und müssen Sie dann allerdings mit umfangreichen Verweisungen arbeiten, um ermüdende Wiederholungen zu vermeiden. Statt solcher Wiederholungen unzähliger Details sollte der Schwerpunkt hier ganz darauf liegen, die großen Linien herauszuarbeiten und die wesentlichen Unterschiede und Gemeinsamkeiten aufzuzeigen. Der Vergleich ist dann also eine Art Zusammen-

---

105 Häufig wird bei Gemeinschaftsprojekten auch ein Fragenkatalog verwendet, der von den Berichterstattern für die einzelnen Rechtsordnungen beantwortet wird; vgl. etwa Winiger ua. (Hrsg.), Digest of European Tort Law, Vol. 2: Essential Cases on Damage, 2011.

106 Ausführlicher *Kischel*, Rechtsvergleichung, 2015, S. 204 ff.

107 Eine Wertung enthält bereits die Wahl Ihres Regelungsproblems. Zudem haben Sie einen Bezug zwischen diesem Regelungsproblem und den von Ihnen ausgewählten und nun dargestellten besonderen Aspekten der untersuchten Rechtssysteme hergestellt. Dass zwischen dem Regelungsproblem und den im Länderbericht genannten Rechtsquellen ein Zusammenhang besteht, folgt nicht logisch aus den Rechtsquellen, sondern erfordert wie die Anwendung des Rechts in der eigenen Rechtsordnung stets eine Wertung.

fassung, in der nur die wichtigsten Gemeinsamkeiten und Unterschiede noch einmal hervorgehoben werden.[108]

Viele Doktoranden wollen indes nicht bei einer neutralen Darstellung bleiben, sondern die Unterschiede und Gemeinsamkeiten auch bewerten.[109] Dazu muss allerdings noch ein wenig Vorarbeit geleistet werden: Erstens müssen Sie Ihren Bewertungsmaßstab offenlegen und genau definieren. Zweitens müssen Sie diesen Maßstab auch begründen und seine (rechts-)wissenschaftliche Qualität nachweisen. Es genügt nicht, dass Ihnen die Lösung einer Rechtsordnung aus irgendwelchen politischen Gründen am besten gefällt. Am wenigsten angreifbar machen Sie sich deshalb, wenn Sie allein die rechtstechnischen Qualitäten der untersuchten Rechtsordnungen (Klarheit und Präzision der Formulierungen; systematischer Aufbau der Normenkomplexe; Wertungskonsistenz, und –kohärenz, usw.) vergleichen. Soweit zwei Rechtsordnungen mit ihren Regelungen die gleichen Ziele verfolgen, können Sie auch analysieren, inwiefern die Regelungen diese Ziele tatsächlich erreichen. Hier ist allerdings Vorsicht geboten: Erstens fehlt es regelmäßig an hinreichend verlässlichen empirischen Vorarbeiten. Und zweitens lassen sich die tatsächlichen Effekte einer Regelung kaum isoliert von anderen Umständen untersuchen. Meist lässt sich deshalb nicht sagen, ob es am Recht oder eben an anderen Dingen lag, dass eine bestimmte Entwicklung eingetreten ist. So lassen sich auch die Ergebnisse empirischer Untersuchungen aus einer Rechtsordnung regelmäßig nicht in eine andere Rechtsordnung übertragen. Denn die gesellschaftlichen, wirtschaftlichen, klimatischen, kurz: *die* Verhältnisse sind überall anders.[110] Aussagen über die empirische Wirksamkeit einer einzelnen Norm oder eines bestimmten Normkomplexes wohnt deshalb regelmäßig etwas Spekulatives inne.[111] Sie sollten sich an solchen Spekulationen nicht beteiligen.

---

108 Vgl. insoweit exemplarisch *Reid/de Waal/Zimmermann*, in: dies. (Hrsg.), Comparative Succession Law, Vol. II: Intestate Succession, 2015, S. 442 ff.
109 Zum Problem der Wertung in der Rechtsvergleichung vgl. einführend *Kischel*, Rechtsvergleichung, 2015, S. 98 f.; 182 f.
110 Vgl. insofern grundlegend *Montesquieu*, De l'esprit des lois, 1748, 1ère partie, livre 1er, chapitre III und *passim*.
111 a.A. *Markesinis/Fedtke*, Engaging with Foreign Law, 2009, S. 35 f. und *passim*.

b) Dogmengeschichte

Der Brunnen der Vergangenheit ist tief und kann Sie mit vielen Erkenntnissen erquicken, die für Ihre Arbeit am geltenden Recht wertvoll sind.[112] Erstens können Sie sich bei der Suche nach allen möglichen Lösungen für ein sachliches Regelungsproblem von der Vergangenheit inspirieren lassen. Das Recht dient und diente stets der Prävention bzw. Schlichtung sozialer Konflikte und der Konstruktion wie dem Erhalt einer Infrastruktur für die soziale Interaktion in Gesellschaft und Wirtschaft. Die Erfahrung zeigt, dass Menschen zwar durchaus kreativ darin sind, immer neue Wege zu finden, wie sie sich gegenseitig ärgern können. Dennoch konzentriert sich diese Kreativität in der Regel auf eine recht begrenzte Anzahl von Grundkonflikten. Es lässt sich, jedenfalls im Hinblick auf mögliche Streitigkeiten, eine Reihe von grundlegenden, nahezu zeitlosen Regelungsproblemen identifizieren, für die im Laufe der Zeit eine ebenfalls begrenzte Menge von Lösungen entwickelt wurde.[113] *Prima facie* ist zu erwarten, dass für seit langem bekannte Probleme an jede denkbare Lösung auch tatsächlich schon gedacht wurde. Die historische Analyse eines Regelungsproblems sollte also in der Regel alle, oder doch wenigstens die allermeisten, theoretisch möglichen Lösungen aufzeigen. Etwas anders sieht es hinsichtlich der Bedürfnisse zur Gestaltung sozialer Interaktionen aus. Hier ändern sich die gesellschaftlichen Verhältnisse deutlich stärker und nicht selten kann die (In-)Existenz bestimmter Rechtsinstitute zu bestimmten Zeiten Rückschlüsse auf eben diese Verhältnisse ermöglichen oder zumindest interessante Fragen zu ihnen aufwerfen. Warum etwa gab es in der römischen Antike keine Kapitalgesellschaften?[114]

Neben einer empirischen Suche nach Lösungen kann Dogmengeschichte zweitens dem Zweck des besseren Verständnisses des geltenden Rechts dienen. Denn auch wenn sich die Rechtsentwicklung kaum angemessen als stetige Fortschrittsgeschichte schreiben lässt, so handelt es sich doch eben um eine Entwicklung, so dass jeder Rechtszustand nur einen Punkt auf einer unendlichen Kontinuität bildet.[115] Das jeweils geltende Recht steht immer in einem Zusammenhang

---

112 Vgl. *Mann*, Joseph und seine Brüder, Bd. I – Die Geschichten Jaakobs, 2018, S. IX; die Metapher aufgreifend *Jansen*, ZNR 27 (2005), 202 ff. Zur Verbindung von Rechtsdogmatik und Rechtsgeschichte siehe die Beiträge in Heft 3 der ZEuP 1999 (ZEuP 1999, 494 ff.) sowie den eben genannten Aufsatz von *Jansen* und auch *Picker*, AcP 201 (2001), 763 ff.

113 Zur Wiederkehr von Rechtsfiguren *Mayer-Maly*, JZ 1971, 1 ff.

114 Siehe insofern grundlegend *Fleckner*, Antike Kapitalvereinigungen, 2010.

115 „Wir wollen das Gesetzbuch haben und die Rechtsarbeit der Jahrhunderte auch: dafür wollen wir als echte historische Juristen sorgen. Als historische Juristen wissen wir, daß das Gesetzbuch nichts sein wird, als ein Punkt in der Entwicklung, faßbarer gewiß als eine Wasserwelle im Strome,

mit dem vergangenen und bildet zugleich den Ausgangspunkt für das kommende Recht.[116] Indem man die bereits zurückgelegte Wegstrecke nachvollzieht, kann man die historisch bedingten Besonderheiten der *lex lata* aufdecken. Zugleich werden manchmal auch langfristige Tendenzen erkennbar, so dass künftige Rechtsfortbildungen prognostizierbar werden und sich (besser) begleiten oder gar vorhersehen lassen.

Je nachdem, ob Sie die Entwicklung zum geltenden Recht nachvollziehen oder historische Lösungsansätze für ein konkretes, eigentlich zeitloses Sachproblem finden wollen, müssen Sie leicht unterschiedlich vorgehen. Bei einer auf die *lex lata* ausgerichteten Erzählung steht das Ende Ihrer Geschichte schon fest und Sie müssen sich deshalb in Ihrer Forschung von der Gegenwart in die vergangenen Tiefen der Zeit zurückarbeiten. Wichtig ist, dass Sie dabei nicht einfach stur auf einem Pfad zurückschreiten dürfen, so dass die Rechtsentwicklung später bei der Darstellung als unausweichlich erschiene. Menschliche Handlungen und Werke sind nie alternativlos. Interessant sind sie nur, weil sie jeweils das Ergebnis einer Entscheidung zwischen mehreren Möglichkeiten sind. Es ist Ihre Aufgabe, die historischen Entscheidungssituationen mit ihrer jeweiligen Vielzahl von Lösungen zu rekonstruieren und zu erklären, warum eine bestimmte Lösung gewählt wurde bzw. sich durchgesetzt hat.[117] Sie müssen dabei sehr sorgfältig vorgehen und sich davor hüten, den Akteuren der Vergangenheit Kenntnisse und Wissen zu unterstellen, die damals noch gar nicht vorhanden waren. Sobald eine Unterscheidung einmal eingeführt worden ist und wir vom Baum der Erkenntnis genascht haben, fällt es uns schwer, uns in den früheren paradiesischen Zustand der Unkenntnis ohne die Unterscheidung zurückzuversetzen. Und doch wird gerade diese (eigentlich unmögliche) Leistung von Ihnen verlangt. Denn nur so können Sie unwissenschaftliche Anachronismen vermeiden. Gefordert ist gewissenmaßen das Gegenteil einer Kreation, wofür aber meiner Meinung nach höchste Kreativität erforderlich ist. Aber das ist wohl ein zugegeben schwieriges philosophisches Problem. Für uns Juristen genügt es zu wissen, dass schwierig ist, was von uns verlangt wird,

Bei der Rekonstruktion der Entstehungsbedingungen der *lex lata* definiert eben dieses geltende Recht Ihren Forschungsgegenstand. Das historische Recht ist nur insofern von Bedeutung, als es in einem Zusammenhang mit dem geltenden Recht

---

aber doch nur eine Welle im Strome." *Windscheid*, in: Oertmann (Hrsg.), Gesammelte Reden und Abhandlungen, 2014, S. 66, 75 – 76.

116 Siehe schon v. *Savigny*, Zeitschrift für historische Rechtswissenschaft 1 (1815), 1 ff.; für eine jüngere Fortführung seiner Gedanken *Zimmermann*, Savignys Vermächtnis. Rechtsgeschichte, Rechtsvergleichung und die Begründung einer Europäischen Rechtswissenschaft, 1998.

117 Beispielhaft für eine (allerdings allgemein-)historische Arbeit in diesem Sinne *Kershaw*, Wendepunkte. Schlüsselentscheidungen im Zweiten Weltkrieg, 2008.

steht. Auch im Hinblick auf die Quellen müssen und sollten Sie nur auf solche Quellen eingehen, die Folgen für die weitere Rechtsentwicklung bis heute hatten. Bei einer dogmengeschichtlichen Untersuchung zum Vertragsrecht kann es daher sinnvoll sein, nur das gelehrte *ius commune* zu untersuchen und die mittelalterliche Rechtspraxis auszublenden, die hier regelmäßig keine wesentlichen Langzeitfolgen hatte. Wollen Sie die Vergangenheit als Schatzkammer für Ideen nutzen, brauchen und sollten Sie sich bei Ihrer historischen Forschung freilich nicht derart beschränken. Statt sich allzu sehr an die *lex lata* zu binden, sollten Sie – wie bei der funktionalen Rechtsvergleichung – das dem geltenden Recht zugrundeliegende sachliche Regelungsproblem identifizieren.[118] Sodann sollten Sie analysieren, wie dieses Regelungsproblem in der Vergangenheit verstanden und wie es gelöst wurde. Um zu sinnvollen Ergebnissen zu kommen, wird es gelegentlich notwendig sein, Ihr Regelungsproblem recht abstrakt zu fassen, um so seinen zeitlosen Kern herauszuarbeiten. *Auto*unfälle z. B. gab es im antiken Rom noch keine, aber vielleicht lässt sich aus den Überlegungen der klassischen römischen Juristen zu *Verkehrs*unfällen doch etwas für die Gegenwart lernen.[119] Und für die Haftung autonom den Wocheneinkauf erledigender Kühlschränke oder anderer intelligenter Systeme lässt sich möglicherweise aus den Regeln des römischen Sklavenrechts etwas lernen, wenn man als übergeordnete Frage die Haftung von Agenten ohne eigene Rechtspersönlichkeit identifiziert.[120] Richtig oder falsch kann der Grad einer Abstraktion nicht sein, sondern nur mehr oder weniger sinnvoll. Daraus folgt für Sie, dass Sie erklären müssen, warum Sie Ihr Regelungsproblem in der von Ihnen gewählten Abstraktionshöhe gefasst haben. Wenn Sie Ihr Regelungsproblem definiert haben, entspricht das weitere Vorgehen der rechtsvergleichenden Methode. Problemfokussierte Rechtsgeschichte ist nämlich nichts anderes als Rechtsvergleichung in der Zeit.

Dogmen- und Rechtsgeschichte allgemein können natürlich noch aus vielen anderen Gründen sinnvoll betrieben werden, auf die im Rahmen dieses Leitfadens nicht weiter eingegangen werden kann.[121] Wichtig ist allerdings generell, dass Sie

---

118 Möglich ist auch, beide Ansätze, d. h. den genetischen und den historisch-rechtsvergleichenden Ansatz, miteinander zu kombinieren. Für einen solchen Versuch siehe meine eigene Dissertation *Martens*, Durch Dritte verursachte Willensmängel, 2007.

119 Vgl. für einen solchen dogmengeschichtlichen Ansatz zur Erklärung des § 313 BGB etwa *Martens*, ZEuP 2017, 600 ff.

120 Vgl. in diesem Sinne etwa *Maatz*, ZJS 2022, 301, 305 f.; *Schulze/Staudenmayer/Lohsse*, in: dies. (Hrsg.), Contracts for the Supply of Digital Content: Regulatory Challenges and Gaps, 2017, 11, 19 f.; siehe für entsprechende Gedanken auch schon *Wein*, Harvard Journal of Law & Technology 6 (1992), 103, 110.

121 Siehe insofern etwa polemisch *Kiesow*, RG 3 (2003), 12 ff., sowie die übrigen Beiträge in RG 3 (2003), 18 ff. und in RG 23 (2015), 255 ff.

immer über diese Gründe reflektieren und Ihrem Leser Rechenschaft darüber ablegen. Reine, d.h. unmotivierte Forschung ist dem Menschen in der Rechtsgeschichte sowenig möglich wie in anderen Wissenschaften. Ein falsches Motiv gibt es freilich nicht; Sie müssen nur erklären, was *Sie* zu Ihrer Forschung motiviert hat. Und wenn Sie Ihre Motivation überzeugend genug darstellen, werden Sie auch Ihre Leser anstecken und für Ihr Thema begeistern.

Besondere Schwierigkeiten bereitet rechtshistorische Forschung aufgrund der regelmäßig nötigen Quellenarbeit. Historiker verwenden heute alle verfügbaren Quellen, um Informationen über die Vergangenheit zu gewinnen, und auch Rechtshistoriker nutzen schon lange nicht mehr nur schriftliche Quellen. Abhängig davon, welchen rechtlich bedeutsamen Umstand der Vergangenheit Sie in Ihrer Doktorarbeit rekonstruieren wollen, werden auch Sie die verschiedensten Quellen einbeziehen müssen. Es ist daher wichtig, möglichst frühzeitig festzustellen, welche für Ihr Thema einschlägigen Quellen es gibt und welchen Aufwand es (etwa) erfordern wird, diese Quellen zu untersuchen: Wieviele Quellen sind zu erwarten? Wo befinden sich diese Quellen? In welchem Zustand sind diese Quellen? Müssen die Quellen möglicherweise erst einmal präpariert werden, bevor man sie verwenden kann? Müssen Sie vielleicht noch eine Sprache lernen, um die Quellen zu verstehen? Usw. Holen Sie gegebenenfalls den Rat eines Spezialisten ein, bevor Sie in den Brunnen der Vergangenheit hinabsteigen, weil man ohne entsprechendes Rüstzeug leicht in seinen Quellen ertrinken kann.

3. Ökonomische Analyse

Die ökonomische Analyse des Rechts untersucht das Recht mit wirtschaftswissenschaftlichen Methoden und ist daher eigentlich, wie etwa die Rechtssoziologie und die Rechtsphilosophie, der Außenperspektive zuzuordnen. Ihre Bewertungen des Rechts wären dann (möglicherweise) für die Wirtschaftswissenschaft interessant, für den internen Diskurs des Rechtssystems aber prinzipiell irrelevant. Von Beginn an wurde mit der ökonomischen Analyse des Rechts allerdings auch ein normativer Anspruch verbunden, der Konsequenzen für das richtige Verständnis des geltenden Rechts haben sollte.[122] Dieser Anspruch ist nur gerechtfertigt, wenn und soweit die eigenen Ziele des Rechts denen entsprechen, die von der Ökonomie als richtig zugrunde gelegt werden.[123] Üblicherweise wird dieses Ziel im Rahmen der ökonomischen Analyse als „Effizienz" bzw. „effiziente Ressourcenallokation" bezeich-

---

122 Vgl. *Posner*, Economic Analysis of Law, 7. Aufl. 2007.
123 Grundlegend *Eidenmüller*, Effizienz als Rechtsprinzip, 4. Aufl. 2015.

net.[124] Streng ökonomisch verstandene Effizienz kann für einen demokratischen Gesetzgeber freilich regelmäßig bloß *ein* Wert sein, der mit anderen gesellschaftlich relevanten Werten zum Ausgleich gebracht werden muss. Die ökonomische Analyse kann dann für die Auslegung der Normen nur insofern eine Hilfestellung leisten, dass sie die ökonomischen Konsequenzen verschiedener Auslegungsergebnisse und damit die unterschiedlichen Realisierungen ökonomischer Werte aufzeigen kann. Ob und inwieweit eine Norm jedoch überhaupt das Ziel ökonomischer Effizienz verfolgt, kann die ökonomische Analyse selbst nicht begründen, sondern muss im Rahmen einer teleologischen Auslegung *zuvor* nachgewiesen werden. Diesem Problem kann man dadurch begegnen, dass man den Effizienzbegriff von seinem ökonomischen Hintergrund löst. Je abstrakter man „Effizienz" versteht, desto mehr andere Werte lassen sich mit ihm erfassen. Im Extremfall schließt Effizienz dann alle Werte ein und die ökonomische Analyse kann alle gesellschaftlichen Phänomene *beschreiben*.[125] Eine sinnvolle *Erklärung* dieser Phänomene kann die ökonomische Analyse nun freilich nicht mehr bieten, da sie ihren eigenen (ökonomischen) Sinngehalt vollständig aufgegeben hat. Die ökonomische Analyse hat sich dann in einer neugeschaffenen Kunstsprache aufgelöst, in der Sie alles genauso gut und eigentlich noch besser ausdrücken können als in einer normalen Fremdsprache wie Englisch oder Französisch.

Wollen Sie die ökonomische Analyse in Ihrer Arbeit einsetzen, müssen Sie (1.) genau überlegen, welchen Effizienzbegriff Sie verwenden wollen, und diesen Begriff dann entsprechend präzise definieren; (2.) unter Zugrundelegung dieses Begriffs die für Ihr Thema relevanten Normen nach dem Stand der Forschung mit den aktuellen Methoden der Rechtsökonomik auf ihre tatsächliche Effizienz untersuchen; (3.) mittels Auslegung überprüfen, ob und inwieweit die relevanten Normen das Ziel von Effizienz in dem von Ihnen zugrunde gelegten Sinne normativ verfolgen; (4.) je nach Ihrem Ergebnis unter 3. eine teleologische Auslegung der *lex lata* vornehmen oder einen Regelungsvorschlag *de lege ferenda* entwickeln. Bei der Ausarbeitung eines solchen Regelungsvorschlags müssen Sie allerdings beachten, dass (ökonomische) Effizienz allgemein nur ein Wert unter vielen ist. Ihre Aufgabe bei Überlegungen zur künftigen Gesetzgebung als der Neutralität und der Nüchternheit verpflichteter Wissenschaftler ist es, *alle* betroffenen Interessen und Werte

---

124 Einführend *Schäfer/Ott*, Lehrbuch der ökonomischen Analyse des Zivilrechts, 5. Aufl. 2012, S. 1 ff., 25 ff., 145 ff.

125 So können Sie einen Zustand als effizient definieren, wenn die Betroffenen keinen anderen Zustand als besser vorziehen würden. Dann wäre es (zumindest für Sie) effizient, dass Sie schlafen gehen, wenn Sie müde sind; dass Sie ins Kino gehen, wenn Ihnen danach ist; oder dass Sie Ihrem Partner einen Kuss geben, weil Sie das gerade wollen. Im letzten Fall sollten Sie allerdings Ihre Effizienz besser nicht erwähnen...

herauszuarbeiten, so dass der Gesetzgeber im Wissen um *alle* relevanten Gesichtspunkte selbst eine Entscheidung treffen kann. Es wäre unwissenschaftlich, wenn Sie nur eine Seite präsentieren und (ökonomische) Effizienz ohne nähere Begründung und Diskussion möglicher anderer Interessen als einzigen Wert postulieren.

4. Empirische Methoden

Menschliche Streitigkeiten beruhen regelmäßig auf Interessenkonflikten, bei denen beide Seiten (aus ihrer Sicht gute) Gründe dafür haben, ihre Position für vorzugswürdig zu halten. Das Recht mit seinen Regeln versucht, diese Gründe zu sortieren und den Prozess der Streitlösung und Entscheidungsfindung möglichst willkürfrei zu strukturieren. Bei diesem Unterfangen scheint die Jurisprudenz im Vergleich mit den Naturwissenschaften allerdings höchst unpräzise und arbiträr. Seit dem 17. Jh. gab es deshalb immer wieder Versuche, das subjektive Element des Entscheidens *more geometrico* aus der Rechtswissenschaft zu entfernen.[126] Die Konstruktion eines streng axiomatischen Rechtssystems[127] ist allerdings ebenso gescheitert wie die Idee einer perfekten Methode, die den Richter zu einem neutralen seelenlosen Subsumtionsautomaten reduzierte. Das Ziel, der Rechtswissenschaft einen den Naturwissenschaften vergleichbaren Grad an Wissenschaftlichkeit zu verleihen, scheint aber nach wie vor faszinierend zu sein. Inspiriert von US-amerikanischen Ansätzen wird seit einiger Zeit auch in Deutschland die Forderung erhoben, empirische Methoden stärker in der Rechtswissenschaft einzusetzen.[128]

Empirische Erkenntnisse können die juristische Entscheidungsfindung nicht determinieren, sondern nur in ihre Vorbereitung einfließen. Auch modernste Me-

---

126 Grundlegend insofern die Arbeiten von Spinoza und Leibniz; siehe *Spinoza* (Hrsg. von *Bartuschat*), Ethik in geometrischer Ordnung dargestellt, 2010; dazu *Schlosser*, Neuere Europäische Rechtsgeschichte, 3. Aufl. 2017, S. 175 f.; zu Leibniz in jüngerer Zeit *Meder*, Der unbekannte Leibniz: Die Entdeckung von Recht und Politik durch Philosophie, 2018; *ders.*, JZ 2016, 1073 ff.; früher bereits *Schneider*, ARSP 52 (1966), S. 553–578. Siehe auch allgemein zu dieser Epoche die Literaturnachweise bei *Meder*, Rechtsgeschichte – Eine Einführung, S. 278 ff. (zu diesem Lehrbuch als Plagiat *Oestmann*, ZRG (GA) 138 (2021), 420 ff.).

127 Vgl. insbesondere *Wolff*, Jus naturae methodo scientifica pertractatum, 8 Bände, 1740–1748; siehe auch schon für den Versuch eines umfassenden Systems des Rechts *Althusius*, Dicaelogicae libri tres, totum & universum Jus, quo utimur, methodice complectentes, 1649.

128 Vgl. nur *Hamann*, Evidenzbasierte Jurisprudenz: Methoden empirischer Forschung und ihr Erkenntniswert für das Recht am Beispiel des Gesellschaftsrechts, 2014; *Hamann/Hoeft*, AcP 217 (2017), 311 ff; *Coupette/Fleckner*, JZ 2018, 379 ff.; *Engel/Schweizer*, JITE 174 (2018), 1 ff.

thoden können nichts daran ändern, dass aus dem bloßen Sein kein Sollen folgt.[129] Das bedeutet aber nicht, dass die Empirie im Recht nur eine unbedeutende Nebenrolle spielen könnte. Das Recht soll soziale Konflikte lösen und ist damit immer auf die Wirklichkeit bezogen. Ein möglichst gutes Verständnis der Wirklichkeit ist deshalb Voraussetzung für ein erfolgreiches Recht[130] und erfolgreiche Juristen. Eine korrekte Faktenbasis ist somit notwendige, aber nicht hinreichende Bedingung für eine richtige juristische Entscheidung.

Im Rahmen der Gesetzgebung muss zum einen das zu lösende sachliche Regelungsproblem möglichst gut analysiert werden. Zum anderen muss der Gesetzgeber für alle verschiedenen theoretisch möglichen Regelungen die jeweiligen Folgen abschätzen, um sich für die Möglichkeit entscheiden zu können, die seine politischen Ziele am besten verwirklicht. Auch bei der Rechtsanwendung werden empirische Erkenntnisse zum Problemverständnis und zur Folgenabschätzung benötigt. Der praktisch tätige Anwalt kann seinen Mandanten nur dann sinnvoll bei einer Streitigkeit beraten, wenn er das Problem, also worum es tatsächlich geht, verstanden hat. Der Folgenabschätzung wiederum kommt im Rahmen der Auslegung von Rechtsnormen insbesondere bei der teleologischen Auslegung große Bedeutung zu. Denn wenn man diejenige Auslegungsvariante bestimmen möchte, durch die der Gesetzeszweck am besten verwirklicht wird, muss man die (wahrscheinlichen) Folgen der verschiedenen Auslegungsmöglichkeiten kennen.

Die aufgezeigten Einsatzmöglichkeiten empirischer Forschung sind keineswegs abschließend. Allgemein gilt jedoch, dass der Empirie in der Jurisprudenz nur eine dienende Funktion zukommen kann. Empirische Erkenntnisse können bei der Vorbereitung normativer Sätze oder bei der Überprüfung ihrer tatsächlichen Wirksamkeit verwendet werden. Sie können solche normativen Sätze aber nicht ersetzen oder determinieren.

Wenn Sie in Ihrer Arbeit zum besseren Problemverständnis, im Rahmen einer teleologischen Auslegung zur Folgenabschätzung oder aus anderen Gründen empirische Erkenntnisse brauchen, haben Sie zwei Möglichkeiten: Entweder Sie greifen insoweit auf fremde Forschungsergebnisse zurück oder Sie versuchen sich selbst an quantitativen Methoden und generieren die von Ihnen benötigten Daten selbst. Beide Vorgehensweisen sind gleichermaßen legitim. Sie sollten allerdings beachten, dass im ersten Fall die von Ihnen geforderte eigenständige wissenschaftliche Leistung nur in der neuen Verknüpfung der fremden Daten mit Ihrem

---

129 Grundlegend *Hume*, A Treatise of Human Nature, 2012, Buch III, Teil I, Kapitel I; über „Humes Gesetz": *Sen*, Philosophy 1966, 75 ff.

130 So kann es etwa problematisch sein, wenn in der Bevölkerung Fehlvorstellungen hinsichtlich des geltenden Schuld- und Vertragsrechts herrschen, vgl. *Gran*, MDR 2022, 1521 ff.; für eine allgemeine Studie zu den Deutschen und ihren Rechtsproblemen *Hommerich/Kilian*, NJW 2008, 626 ff.

juristischen Problem liegen kann. Die selbständige Datenerhebung und die Auswertung dieser Daten könnte dagegen selbst bereits eine hinreichende promotionswürdige Leistung sein. Es erfordert freilich häufig großen Aufwand, sich in die entsprechenden quantitativen Methoden einzuarbeiten. Bevor Sie eine solche Investition an Zeit (und häufig auch: Mitteln) tätigen, sollten Sie sorgfältig prüfen, ob der zu erwartende Lohn den Aufwand wirklich lohnt. Eine entsprechende kleine Folgenabschätzung gewissermaßen als Aufwärmübung ist dringend zu empfehlen!

5. de lege ferenda

In vielen Dissertationen soll das Recht nicht durch eine immanente Fortbildung der *lex lata*, sondern durch eine Umgestaltung von außen weiterentwickelt werden. Die Ausarbeitung eines Regelungsvorschlags *de lege ferenda* ist als Ziel einer Dissertation durchaus legitim, aber Sie müssen sehr sorgfältig und diszipliniert arbeiten, um die Grenzen der Rechtswissenschaft einzuhalten und sich nicht in allgemeinpolitischen Erwägungen zu verlieren. Wissenschaftlich ist auch die Arbeit *de lege ferenda* nur dann, wenn und soweit sie politisch neutral ist. Sie können lediglich Vorarbeiten für den Gesetzgeber leisten, indem Sie alle aus rechtlicher Sicht annähernd gleichwertigen Regelungsmöglichkeiten mit ihren jeweiligen Vor- und Nachteilen systematisch darstellen und dann dem Gesetzgeber die Auswahl unter diesen Möglichkeiten überlassen.[131] Ein solcher Service für Politiker kann natürlich selbst hochpolitisch sein, etwa wenn Sie auf diese Weise unterschiedliche Möglichkeiten der rechtlichen Steuerung von Einwanderung darstellen oder verschiedene Strategien zur Regulierung der Emission von Treibhausgasen entwickeln.

Bevor Sie eine Reform vorschlagen, müssen Sie zunächst die Defizite der *lex lata* herausarbeiten. Solche Defizite können erstens rechtstechnischer Art sein. Die Rechtslage kann unklar oder verworren sein; Normen mögen sprachlich unbeholfen oder antiquiert gefasst sein; usw. Defizite können sich zweitens aus einem Wertewandel der gesamten Rechtsordnung ergeben, so dass eine bestimmte Norm oder Normengruppe sich nicht mehr schlüssig in die allgemeine Werteordnung einfügt. Drittens können Rechtsnormen nicht (mehr) geeignet sein, ihre Zwecke zu erfüllen. Das geltende Recht mag Ihnen aber schließlich viertens auch defizitär erscheinen, weil es Ihrer persönlichen Vorstellung von der richtigen Lösung nicht entspricht. Solche subjektiven, rein persönlichen Ansichten haben indes in einer

---

131 Das sogenannte TINA-Prinzip („There is no alternative") ist aus wissenschaftlicher Sicht regelmäßig Unsinn und bloß ein rhetorischer Trick, um die politische Entscheidung indiskutabel zu machen.

wissenschaftlichen Arbeit nichts zu suchen. Sie dürfen Ihre persönliche Meinung deshalb nur indirekt äußern, wenn diese Meinung sich als übereinstimmend mit den objektiven Werten der Rechtsordnung darstellen lässt und das Recht folglich von Anfang an *objektiv* defizitär war. Wenn Sie ein politisches Ziel zugrundelegen, müssen Sie dies deutlich hervorheben. Ihre wissenschaftliche Leistung kann dann nur darin bestehen, dass Sie zeigen, wie sich dieses Ziel rechtlich optimal umsetzen und in Normen fassen lässt.

Wenn Sie die Defizite der *lex lata* aufgezeigt oder einfach entsprechende Behauptungen Dritter ohne eigene Wertung zugrundegelegt haben, müssen Sie in einem zweiten Schritt sämtliche Möglichkeiten einer Reform systematisch entwickeln. Es wäre unwissenschaftlich, wenn Sie sich auf eine einzige Lösung fokussieren würden. Gefordert ist kein politischer Eifer, sondern wissenschaftliche Objektivität und Neutralität. In der Darstellung können Sie sich (nur dann) auf eine einzige Lösung beschränken, wenn alle anderen Lösungen solche rechtstechnischen Defizite aufweisen oder in einem solche Maße mit der allgemeinen Werteordnung des Rechts im Konflikt stehen, dass sie offensichtlich ungeeignet wären und deshalb als diskutable Alternativen außer Betracht bleiben können. Diese strengen Voraussetzungen dürften nur äußerst selten erfüllt sein und selbst dann müssten Sie in einer Doktorarbeit der Vollständigkeit halber die von Ihnen ausgeschiedenen Alternativen wenigstens kurz skizzieren und erklären, warum Sie auf eine ausführlichere Diskussion verzichten.

Bei der Ausarbeitung Ihres konkreten Regelungsvorschlags müssen Sie die Methoden guter Gesetzgebung beachten.[132] Der Entwurf von Rechtsnormen wird im Studium kaum oder gar nicht geübt. Regelmäßig wird das Wissen um gute Gesetzgebung nur durch Anschauung und den Ärger über missglückte Vorschriften erworben. Dieses Wissen wird kaum genügen, um selbst eine gute Norm formulieren zu können. Sie müssen sich deshalb in die Gesetzgebungskunst einarbeiten. Nehmen Sie sich hierzu und für den anschließenden Entwurf Ihrer Vorschrift hinreichend Zeit! Ein gutes Gesetz erfordert viel Arbeit. Schon die systematische Stellung Ihrer Norm will genau bedacht sein. Bei der Formulierung müssen Sie sich überlegen, wie präzise Sie die Vorschrift fassen bzw. wieviel Spielraum Sie dem Rechtsanwender lassen wollen. Juristische Präzision kann zudem nur um den Preis der Allgemeinverständlichkeit erreicht werden. Dennoch sollte Ihre Norm so gut lesbar wie möglich sein. Für Gesetze bedeutet das vor allem, dass jeder Satz wirklich nur einen Gedanken enthalten sollte. Es gilt: Je knapper, desto besser! Zudem zählt

---

132 Einführend *Meßerschmidt*, ZJS 2008, 111 ff.; vertiefend etwa *Schäffer/Holzinger* (Hrsg.), Theorie der Rechtssetzung, 1988; *Smeddinck*, Integrierte Gesetzesproduktion, 2006; *Winkler/Adamovich* (Hrsg.), Gesetzgebung, 1981.

bei Normen wirklich jedes Wort. Denken Sie deshalb gründlich über jedes (!) Wort nach und prüfen Sie Ihre Formulierungen. Testen Sie Ihren Regelungsvorschlag im Einsatz, indem Sie möglichst viele Konstellationen durchspielen, in denen Ihr Vorschlag zur Anwendung kommen könnte. Sie werden sehen, dass sich immer wieder überraschende Ergebnisse einstellen und Sie Ihre Formulierungen korrigieren müssen. Diskutieren Sie Ihren Regelungsvorschlag auch mit KollegInnen und machen Sie kein Geheimnis daraus. Nur wenn man Texte von anderen lesen lässt, kann man wirklich feststellen, wie sie von Lesern verstanden werden (können).

Schließlich müssen Sie den von Ihnen ausgearbeiteten Regelungsvorschlag in Ihrer Arbeit ausführlich erläutern und verteidigen. Sie müssen nachweisen, dass Ihr Vorschlag die Regelungsziele im Vergleich mit anderen Regelungsmöglichkeiten (1.) am besten erreicht und dabei (2.) keine anderen Probleme aufwirft, welche die mit ihm verbundenen Vorteile zunichtemachen. Gefordert ist insofern eine Art provisorische Kommentierung Ihrer eigenen Norm.

6. Rechtsgestaltung

Die Rechtswissenschaft in Deutschland ist traditionell vor allem der Rechtsprechung und, in einem freilich schon geringeren Maße, der Gesetzgebung verbunden. Die Auslegung und Fortbildung des geltenden Rechts, wie es von einem Richter erwartet wird, sowie die Ausarbeitung neuer Gesetze stehen daher regelmäßig im Mittelpunkt rechtswissenschaftlicher Arbeiten. Der gestalterische Umgang mit dem geltenden Recht, d.h. die sogenannte Kautelarjurisprudenz, wird dagegen herkömmlich der Rechtspraxis überlassen und ihre Innovationen werden allenfalls nachträglich (aus der Richterperspektive) einer Kritik unterworfen. Diese Selbstbeschränkung der Rechtswissenschaft ist nur historisch erklärlich und wissenschaftlich nicht zu begründen. Warum sollten nicht auch prospektive Fragen der Rechtsgestaltung unter Anwendung wissenschaftlicher Methoden beantwortet werden? Wenn Sie also etwa im Referendariat auf ein interessantes gestalterisches Problem gestoßen sind, trauen Sie sich und nehmen Sie es zum Ausgangspunkt Ihrer Doktorarbeit! Ein bisschen Aufbruchstimmung ist in jüngerer Zeit immerhin im Hinblick auf die sogenannten „smart contracts" zu verzeichnen,[133] auch wenn die wissenschaftliche Diskussion hier bislang eher abstrakt geblieben ist und man

---

[133] Siehe nur DiMatteo/Cannarsa/Poncibò (Hrsg.), The Cambridge Handbook of Smart Contracts, Blockchain Technology and Digital Plattforms, 2019; vgl. auch *Kuntz*, AcP 220 (2020), 51 ff.; *Wagner*, AcP 222 (2022), 56 ff. *Möslein*, ZHR 2019, 254 ff.

sich in der Regel (noch?) nicht mit den konkreten Gestaltungsmöglichkeiten beschäftigt hat.

Auch wenn Sie insofern nicht auf einen gesicherten Methodenkanon zurückgreifen können, so brauchen Sie doch nicht bei Null anzufangen. Zum Einen gibt es
zahlreiche Formularhandbücher und Praktikerliteratur, die sich der Rechtsgestaltung widmen. Und zum Anderen müssen Sie auch bei einer Dissertation, die ein
gestalterisches Thema behandelt, die allgemeinen Standards wissenschaftlicher
Arbeit beachten. Sie müssen daher als Erstes die zu lösende sachliche gestalterische
Aufgabe präzise herausarbeiten. Welches tatsächliche Bedürfnis nach einer rechtlichen Gestaltung besteht? Auch wenn in der Praxis nicht selten Innovationen durch
besondere rechtliche Rahmenbedingungen motiviert sind, sollten Sie im Sinne der
Wissenschaft streng trennen und zunächst das Recht und seine Besonderheiten
ausblenden. Wenn etwa eine möglichst günstige Übertragung von Grundeigentum
gewünscht wird, dann können Konstruktionen zur Minimierung der Grunderwerbssteuer in der Praxis vorherrschend sein. Aber die Konzentration auf die
Grunderwerbssteuer mag den Blick verengen, so dass andere Kostenfaktoren un-
beachtet bleiben, die ebenfalls relevant sein und bei einem unvoreingenommenen
Ansatz auch minimiert werden könnten.

Haben Sie das gestalterische Problem identifiziert, müssen Sie in einem zweiten
Schritt alle möglichen gestalterischen Lösungen ausarbeiten. Bereits bei diesem
Schritt können und dürfen Sie sich nicht auf die Vorgaben eines Rechtsgebiets
(insbesondere des Privatrechts) beschränken, da grundsätzlich alle Rechtsgebiete
zwingende Normen enthalten können, die der privatautonomen Gestaltungsbe-
fugnis Grenzen setzen. Diese notwendige umfassende Berücksichtigung der Regelungen aller Rechtsgebiete stellt die besondere Herausforderung einer rechtsge-
stalterischen Aufgabe dar. Denn vor allem bei der abschließenden Analyse der Vor-
und Nachteile jeder von Ihnen entwickelten rechtlich möglichen Gestaltung müssen
Sie die gesamte Rechtsordnung im Blick haben. Insbesondere das Steuerrecht wird
(spätestens) hier regelmäßig zu beachten sein. Stellen Sie bei Ihrer Untersuchung
fest, dass die *lex lata* einer von Ihnen sonst aus guten Gründen favorisierten Gestaltung unangemessene Hürden in den Weg stellt, können Sie auch einen entsprechenden Regelungsvorschlag *de lege ferenda* machen, um freie Bahn für Ihre
Idee zu schaffen.

VII. Das Exposé

Wenn Sie Thema und Methode Ihrer Arbeit ausgewählt haben und davon überzeugt sind, dass Ihre Wahl gut ist und Ihre Dissertation die Anforderungen der Promotionsordnungen erfüllen wird, dann sollten Sie sich dieser Überzeugung noch einmal vergewissern. Bevor Sie mit der eigentlichen Forschungsarbeit beginnen, sollten Sie deshalb ein Exposé schreiben,[134] in dem Sie die Gründe Ihrer Überzeugung vom Wert Ihres Vorhabens systematisch überprüfen. Solch ein Exposé soll Ihnen helfen, Ihre bisherigen Gedanken klar zu fassen, und Sie davor bewahren, sich voller Begeisterung in ein Abenteuer zu stürzen, dessen späteres Scheitern bei sorgfältigerer Vorbereitung und Prüfung eigentlich absehbar gewesen wäre. Das Exposé kann aber auch andere davon überzeugen, dass Sie ein sinnvolles und förderungswürdiges Projekt vorhaben. Ihre Doktormutter oder Ihr Doktorvater mag die Vorlage eines solchen Exposés zur Bedingung der Betreuungszusage machen; manche Promotionsordnungen machen die Zulassung zum Promotionsstudium davon abhängig;[135] Stipendiengeber verlangen regelmäßig ein Exposé im Rahmen des Bewerbungsverfahrens; und nicht zuletzt werden vielleicht sogar einige Verwandte und Bekannte ein kurzes Exposé mit Interesse lesen, um zu verstehen, womit Sie sich über Jahre beschäftigen (werden).

Das Exposé sollte keine gekürzte Version Ihrer Doktorarbeit in Aufsatzform sein,[136] sondern einen Ausblick auf und eine Rechtfertigung für Ihr geplantes Forschungsprojekt geben. Da Sie etwas (er-)forschen wollen, können Sie die Ergebnisse naturgemäß noch nicht nennen. Sie sollten in Ihrem Exposé daher die *Fragen* und nicht die Antworten Ihrer Dissertation ausarbeiten. Antworten können Sie in diesem Stadium nur in Form vorläufiger Hypothesen haben. Auch auf solche Hypothesen sollten Sie aber eigentlich besser verzichten. Denn sie legen nahe, dass Sie bereits bestimmte Erwartungen hinsichtlich Ihrer Forschungsergebnisse haben, die Ihre Unvoreingenommenheit und damit Ihre wissenschaftliche Objektivität in Frage stellen. Es ist allerdings zuzugeben, dass hier in bestimmten Situationen Zugeständnisse an die Vorstellungen Ihrer Adressaten gemacht werden müssen,

---

134 Siehe hierzu auch *Beyerbach*, Die juristische Doktorarbeit, 4. Aufl. 2021, Rn. 188 ff. (S. 87 ff.; im Weiteren zitiert; Die juristische Doktorarbeit); zum Exposé einer Dissertation allgemein auch *Franck*, Das Promotionshandbuch, 2. Aufl. 2021, S. 15 ff.

135 Vgl. etwa § 4 Abs. 2 jurPromO Universität Hamburg. Soweit solche rechtlichen Vorgaben bestehen, müssen Sie diese selbstverständlich einhalten. Insofern gelten die folgenden Ausführungen im Text nur vorbehaltlich dieser spezielleren gesetzlichen Regelungen.

136 Nicht nachahmenswert ist daher etwa das Musterexposé auf https://doktorandenforum.de/anfangen/exp-muster.htm#muster.

https://doi.org/10.1515/9783110986419-008

etwa wenn es um die Bewerbung um ein Stipendium einer Stiftung geht, die nur Forschung mit einer bestimmten inhaltlichen Ausrichtung fördert.

Das Exposé soll begründen, dass Ihr Projekt eine eigenständige wissenschaftliche Leistung darstellen wird, die (wenigstens) eine neue Erkenntnis liefern wird [137] Sie müssen daher folgende Fragen beantworten: (1.) Was ist Ihre Forschungsfrage, d. h. Ihr Thema?; (2.) was ist Ihre Methode?; (3.) warum sind Thema und Methode bzw. die Kombination aus beiden interessant?; (4.) inwiefern ist das alles neu, d. h. wie ist der Stand der Forschung?; (5.) wie ist Ihr weiteres geplantes Vorgehen?

Zu Beginn Ihres Exposés sollten Sie in Ihr Thema ein- und den Leser zu ihm hinführen. Um das Interesse ihrer Leser zu wecken, sollten Sie einen möglichst allgemeinen Ausgangspunkt wählen und die Leser von dort aus schnell und festen Schrittes zum Ziel, d. h. Ihrem Thema hinführen. Regelmäßig bietet es sich an, ein kurzes (!) Weilchen bei Ihrem Forschungsgegenstand als einem Zwischenhalt Pause zu machen oder den Forschungsgegenstand überhaupt als Ausgangspunkt zu nehmen. Je nach Bekanntheitsgrad Ihres Forschungsgegenstands kann eine knappe Einführung in seine wichtigsten Eigenschaften und Verhältnisse sinnvoll sein. Keinesfalls darf Ihr Exposé sich aber in einer Darstellung dieses Forschungsgegenstands erschöpfen und Sie müssen sich auch später bei der Erstellung der eigentlichen Dissertation davor hüten, in handbuchartigen Ausführungen über den Forschungsgegenstand ihr eigentliches Thema aus den Augen zu verlieren. Denn dieses Thema ist nicht der Forschungsgegenstand, sondern die Forschungsfrage, d. h. die konkrete Frage, die Sie an Ihren Forschungsgegenstand richten!

Thema und Methode haben Sie bereits. Nun gilt es, Ihre Begeisterung für beide in Worte zu fassen und auf den Leser Ihres Exposés zu übertragen. Die Antwort auf die dritte Frage sollten Sie daher in Ihre Ausführungen zu den ersten beiden Fragen integrieren. Interesse wecken Sie, indem Sie den praktischen Wert Ihrer Arbeit für den Leser demonstrieren. Da Recht auf die Wirklichkeit bezogen ist, wird jede rechtswissenschaftliche Arbeit (irgend-)einen praktischen Nutzen haben und Sie müssen bloß ein wenig darüber reflektieren, worin dieser Nutzen genau besteht.[138] Selbst eine rein dogmatische Arbeit, die ein Rechtsgebiet nur neu strukturieren oder einen neuen Begriff formen und durchführen soll, an den sachlichen Ergebnissen aber gar nichts ändern will, wird allein durch die dogmatischen Neuerungen zu einer anderen Perspektive auf die Sachprobleme führen und (dogmatisch) bessere Be-

---

137 Dazu ausführlich oben, II.3.

138 Entgegen mancher Ansicht schmälert ein solch praktischer Nutzen den wissenschaftlichen Wert Ihrer Dissertation keineswegs. Denn die Rechtswissenschaft ist wie ihr Gegenstand das Recht auf das reale Leben bezogen. Rechtswissenschaftliche Qualität besitzt Ihre Arbeit daher nur dann, wenn sie diesen Bezug zur Wirklichkeit nicht völlig verloren hat.

gründungen erfordern. Die verbesserten Begründungen werden dann zu einer gleichmäßigeren und rationaleren Rechtsanwendung führen und somit ein höheres Maß an Gerechtigkeit garantieren. Überlegen Sie sorgfältig, was der Nutzen *Ihrer* Arbeit sein könnte!

Wenn Sie diesen Nutzen Ihrer geplanten Arbeit abstrakt identifiziert haben, bietet es sich an, ihn anhand eines konkreten Beispiels begreifbar zu machen. Solch ein Beispiel(-sfall) kann den Aufhänger Ihres Exposés bilden, auf den Sie dann im Weiteren immer wieder zurückgreifen können. So spinnen Sie einen roten Faden, der Ihrem Leser Halt und Orientierung gibt. Sie können Ihr Beispiel einer gerichtlichen Entscheidung entnehmen, es aus einem Zeitungsartikel entwickeln oder auch frei erfinden: Wichtig ist nur, dass es einprägsam ist und eine bestimmte, für Sie wichtige Aussage zu Ihrem Thema anschaulich auf den Punkt bringt.

Sie dürfen Ihr Beispiel freilich nicht bloß für sich selbst sprechen lassen, sondern Sie müssen vor allem die Verknüpfung von Thema und Methode ausführlich erläutern und erklären, warum die Bearbeitung Ihres Themas mit der von Ihnen gewählten Methode sinnvoll ist und verspricht, Sie zum Ziel einer neuen Erkenntnis zu führen. Keineswegs dürfen Sie sich dieser Aufgabe dadurch entziehen, dass Sie keine bestimmte Methode wählen und einfach alle allgemein gebräuchlichen Methoden auf Ihr Thema anwenden. Statt wie ein Falke zielstrebig auf Ihre neue Erkenntnis zuzustreben, werden Sie eher den Eindruck eines aufgeregten Hühnchens machen, das planlos hin- und herrennt. Grundsätzlich lassen sich die meisten Themen mit mehreren Methoden bearbeiten. Sie führen dann freilich regelmäßig zu unterschiedlichen Zielen. Wenn Sie mehrere Methoden verwenden wollen, müssen Sie diese Ziele aufzeigen und erklären, welcher Zusammenhang zwischen diesen Zielen besteht. Sie müssen begründen, welcher Mehrwert darin besteht, diese Ziele auf *einem* Weg abzuschreiten, d.h. warum es nicht besser wäre, jeder Methode und damit jedem Ziel eine gesonderte Untersuchung zuteilwerden zu lassen. So mag es sinnvoll sein, ein Regelungsproblem zunächst dogmengeschichtlich zu untersuchen, um so die historische Kontingenz des geltenden Rechts besser verstehen zu können, und anschließend mithilfe rein dogmatischer Methoden zu sachangemesseneren Lösungen zu kommen und so die aufgedeckten historisch bedingten Defizite zu beseitigen.[139]

Nehmen Sie sich Zeit für die Erklärung und Begründung Ihrer Methode! Je besser und genauer Sie beschreiben, wie Sie Ihr Ziel erreichen, d.h. Ihre Forschungsfrage beantworten wollen, desto sicherer werden Sie ohne Umwege an Ihrem Ziel ankommen und desto besser und überzeugter werden Ihre Leser Ihnen

---

[139] Dies habe ich selbst in meiner Dissertation versucht; *Martens*, Durch Dritte verursachte Willensmängel, 2007.

folgen. Es genügt insofern nicht, in einem Satz zu erklären, dass Sie rechtsdogmatisch, rechtshistorisch oder unter Anwendung einer anderen allgemein bekannten Methode arbeiten wollen. Diese allgemein bekannten Methoden führen allenfalls grob in die Richtung Ihres Ziels. Sie werden aber nur dann genau dort ankommen, wo Sie ankommen wollen, wenn Sie das allgemein Bekannte für Ihre Zwecke anpassen und die allgemein beschriebenen Methoden so modi- und spezifizieren, dass sie ganz auf Ihr Ziel ausgerichtet sind. Überlegen Sie sich also genau, welche Wege *Sie* warum gehen müssen und welches Rüstzeug Sie auf Ihrem Weg wahrscheinlich brauchen werden.

Sind Thema und Methode hinreichend genau dargestellt und gerechtfertigt, müssen Sie noch nachweisen, dass Sie etwas Neues vorhaben. Sie müssen daher den bisherigen Forschungsstand aufarbeiten und Ihr eigenes Projekt gegen die vorhandenen Untersuchungen abgrenzen.[140] Hier ist nun zum ersten Mal echte Forschungsarbeit von Ihnen gefordert. Sie müssen sich in die Literatur des von Ihnen gewählten Themengebietes einlesen, bis Sie sicher sein können, dass es niemanden gibt, der Ihren Ansatz bereits durchgeführt hat. Wann dies der Fall ist, lässt sich nicht allgemein sagen, sondern hängt von Ihrem Thema ab. Zu einem neuen Gesetz gibt es naturgemäß sehr viel weniger Literatur zu sichten als zum Leistungsbegriff des Bereicherungsrechts oder der Abgrenzung zwischen Raub und Erpressung. Sie müssen also selbst entscheiden, wie umfangreich Ihre vorläufige Recherche sein soll. Hier ist eine Abwägung von Aufwand und Ertrag nötig: Bei einer zu oberflächlichen Literaturschau mag sich später (und dann vielleicht zu spät) herausstellen, dass Ihre Arbeit schon geschrieben wurde. Wenn Sie jedoch aus Furcht vor einem möglicherweise übersehenen Vorläufer ewig an Ihrem Exposé arbeiten, werden Sie nie an den Start der eigentlichen Promotion gehen. Zu empfehlen wäre daher allgemein eine möglichst vollständige Sichtung[141] aller Werke der letzten

---

140 Vgl. dazu etwa *Beyerbach*, Die juristische Doktorarbeit, Rn. 122 ff. (S. 61 ff.). Einen zwingenden Platz für diese Darstellung des Stands der Forschung in Ihrem Exposé gibt es nicht. Wenn die Forschungsfrage noch gar nicht gestellt, oder bislang (völlig) unzureichend beantwortet wurde, sollte der Stand der Forschung unmittelbar im Anschluss an die Forschungsfrage dargestellt werden. Denn dann leuchtet es sofort ein, dass das gewählte Promotionsprojekt sinnvoll ist. Ist die Forschungsfrage dagegen schon (recht häufig) bearbeitet worden, so kann ein neuer Ansatz gleichwohl noch einen (hinreichenden) Erkenntnisgewinn versprechen: Viele Wege führen nach Rom und eine neue Methode auf ein altes Problem angewandt kann daher sinnvoll sein. In einem solchen Fall sollte aber zunächst die gewählte Methode und dann erst der Stand der Forschung dargestellt werden.

141 Sichtung heißt freilich nicht, dass Sie alle gefundenen Texte auch in das Exposé oder gar in die spätere Dissertation aufnehmen müssten oder auch nur sollten. Vielmehr sollen Sie eine Auswahl treffen und sich auf eine Auseinandersetzung mit solchen Beiträgen beschränken, die einen eigenständigen Gedanken enthalten. Auf rein informative und/oder Bekanntes wiedergebende Texte

zehn bis fünfzehn Jahre, wobei es natürlich auf Thema und Methode ankommt.[142] Frühere Literatur brauchen Sie regelmäßig nur dann zu beachten, wenn sie auch heute noch zitiert wird oder aus anderen Gründen besonders wichtig erscheint. Als Ausgangspunkt lohnt sich regelmäßig die Lektüre einschlägiger Kommentierungen in einem Großkommentar, einer thematisch verwandten jüngeren Habilitation oder Dissertation, eines jüngeren Archivaufsatzes und eine Recherche in beck-online oder juris. Zumeist wird erwartet, dass Sie die eingesehene Literatur nicht nur im eigentlichen Text des Exposés auswerten, sondern sie in einem abschließenden Literaturverzeichnis noch einmal gesondert auflisten.

Wenn Sie gezeigt haben, dass Ihr Vorhaben den Promotionsanforderungen theoretisch genügt und eine eigenständige wissenschaftliche Leistung mit neuen Erkenntnissen darstellen kann, dann müssen Sie nur noch plausibel machen, dass Sie in der Lage sind, diese Möglichkeit auch zu realisieren. Allzu viel ist dafür nicht mehr erforderlich, wenn und weil Sie mit dem bislang überzeugenden und gut strukturierten Exposé bereits bewiesen haben, dass Sie zu solider wissenschaftlicher Arbeit befähigt sind. Gleichwohl sollten Sie noch einen groben Überblick über das geplante weitere Vorgehen in sachlicher und zeitlicher Hinsicht geben. Den Gedankengang Ihrer Dissertation können Sie im Detail noch nicht kennen und deshalb nur skizzieren. Eigentlich sollten Sie keineswegs bereits im Exposé eine ausführliche und detaillierte Gliederung verfassen.[143] Denn dann zeigten Sie entweder, dass Ihr Projekt nur altbekannte Pfade nachzeichnen würde, oder es ist offenbar so langweilig, dass man den ganzen Weg auch ohne weitere Forschung problemlos überblicken kann. Beides stellte die Promotionswürdigkeit Ihres Vorhabens in Frage. Am Anfang einer Dissertation ist eine Gliederung nicht mehr als eine hypothetische Landkarte des von Ihnen zu bearbeitenden Forschungsfelds. Sie sollten zeigen, dass Sie sich Gedanken darüber gemacht haben, wie dieses Feld wohl aussehen könnte, und Ihre Gedanken sollten nicht nur phantasiereich, sondern auch einigermaßen plausibel sein. Nicht plausibel ist es aber, wenn Sie behaupten, dass Sie die Lage jedes Steins und jede Unkrautpflanze bereits kennen. Allerdings erwarten in der Praxis Gutachter, Betreuer und auch andere potentielle Leser Ihres

---

brauchen Sie nicht einzugehen. Sie können solche Texte aber zitieren und auf sie verweisen, wenn Sie selbst entsprechende Informationen in Ihrer Arbeit geben müssen. Näher zur Auswahl der wesentlichen Texte noch unter VIII.1.

142 Bei einer rechtshistorischen Arbeit kann es durchaus auch vorkommen, dass bereits vor vielen hundert Jahren Pionierarbeit geleistet worden ist, über die danach niemand mehr hinausgekommen ist. Die textkritischen Arbeiten der Humanisten etwa sollten Sie vielfach auch heute noch zum Ausgangspunkt entsprechender eigener Forschungen nehmen.

143 a.A. *Beyerbach*, Die juristische Doktorarbeit, Rn. 141 ff., 195; zur Strukturierung noch ausführlich unten, VI.3.b).

Exposés häufig doch schon eine ausführliche Gliederung. Es lohnt sich dann häufig nicht, Ihnen die wissenschaftliche Unsinnigkeit dieser Erwartung darzulegen. Fabulieren Sie stattdessen ein bisschen. Natürlich darf Ihre Gliederung aber auch nicht zu phantastisch sein, sondern muss die Erwartungen Ihrer Leser an Seriosität erfüllen. Arbeiten Sie eine Gliederung mit einer vernünftigen Tiefe aus und ergänzen Sie die Lücken möglichst plausibel und für Ihren jeweiligen Adressaten überzeugend. Halten brauchen Sie sich dann später nicht daran. Denn bei Ihrer Forschung kann und sollte allein Ihre Methode Sie zu Ihrem Erkenntnisziel, d. h. zur Antwort auf Ihre Forschungsfrage leiten und Sie müssen alle Pläne verwerfen, die sich auf Ihrem methodisch richtig erkannten Weg als unzulänglich erweisen.

Aus denselben Gründen, die gegen eine zu ausführliche Gliederung sprechen, sollten Sie auch keinen zu genauen Zeitplan verfassen.[144] Forschung lebt von Überraschungen. Manchmal werden Sie für einen Abschnitt länger brauchen als gedacht und manchmal schaffen Sie ein Kapitel in einer Woche. Ihr Zeitplan sollte solche Unvorhersehbarkeiten einkalkulieren und Ihnen und Ihren Lesern eine realistische Einschätzung erlauben, inwiefern es möglich ist, das von Ihnen geplante Buch in einer vertretbaren Zeit fertigzustellen.[145] Was vertretbar ist, hängt indes wiederum von den Umständen ab: Vielleicht wollen Sie den Doktortitel in einem Jahr erwerben, vielleicht planen Sie eine umfangreiche rechtshistorische Forschung mit mühsamer Archivarbeit, die meist viele Jahre dauert und bei der Sie immer wieder unerwartete Funde machen werden.[146] Im Regelfall sollte eine ordentliche Dissertation freilich innerhalb von zwei bis drei Jahren abgeschlossen sein und Ihr Zeitplan sollte dieser Erwartung genügen. Wichtig ist, dass Ihr Zeitplan den Eindruck einer realistischen Einschätzung der anstehenden Aufgaben und Ihrer eigenen Kräfte vermittelt.

Hinsichtlich der Formalia Ihres Exposés sollten Sie sich ganz an den Erwartungen Ihrer Adressaten orientieren. Es kommt also darauf an, wen Sie sich als Leser vorstellen. Wenn Sie sich um ein Stipendium bewerben, sollten Sie sich bei dem Stipendiengeber um entsprechende Vorgaben erkundigen. Vielleicht gibt es auch exemplarische Forschungsexposés, an denen Sie sich orientieren können? Fertigen Sie Ihr Exposé auf Wunsch Ihres Betreuers an, müssen Sie seine Erwartungen erfüllen. Manche Professoren haben hier eigene Leitfäden erstellt, an die Sie sich selbstverständlich halten sollten.[147] Grundsätzlich gilt, dass Ihr Exposé einen

---

144 a.A. *Beyerbach*, Die juristische Doktorarbeit, Rn. 196 (S. 89).

145 So auch *Beyerbach*, Die juristische Doktorarbeit, Rn. 197 (S. 90).

146 Siehe für solche Funde etwa *Lahusen*, JZ 2015, 805 ff.

147 Siehe etwa *Prof. Schneider* (Freiburg, https://www.jura.uni-freiburg.de/de/institute/imi2/Forschung/leitfaden-fur-ein-expose.pdf); *Prof. Uhle* (Leipzig, https://staatsrecht.jura.uni-leipzig.de/promotion-am-lehrstuhl/).

seriösen und ordentlichen Eindruck machen sollte. Gibt es keine speziellen Vorgaben, sollte das Titelblatt neben einem aussagekräftigen Titel auch die wichtigsten Informationen zu Ihnen enthalten. Ein anschließendes knappes Inhaltsverzeichnis sollte Auskunft über den Gedankengang geben. Die Schriftart sollte gut lesbar sein und die Schriftgröße 12 Punkt im Haupttext und 10 Punkt in den Fußnoten betragen. Bei einem Zeilenabstand von 1,5 sollte das Exposé insgesamt zwischen 15 und 20 Seiten umfassen.

VIII. Die Forschungsarbeit

Wenn Sie das Exposé fertiggestellt haben, dann sind tatsächlich alle Vorbereitungen abgeschlossen und Sie können mit der eigentlichen Forschungsarbeit beginnen. Hierbei kann Ihnen dieser Leitfaden leider nur bedingt helfen. Denn es gibt kein allgemeingültiges Konzept, wie *man* vorzugehen hat, damit *man* am Ende der Promotion seiner Doktormutter eine ganze Dissertation auf den Tisch legen kann. Da nicht *man* promovieren will, sondern *Sie* das vorhaben, müssen Sie selbst die Methode finden, die für Sie angemessen ist. Sie müssen lernen, wie *Sie* am besten arbeiten. Manches ist Ihnen sicher schon bekannt, manches wird neu für Sie sein. Vieles hat gar nichts speziell mit etwaigen Geheimnissen *wissenschaftlicher* Arbeit zu tun. Es geht vielmehr um die (gar nicht so mysteriösen) Mysterien der Arbeit an sich. So sollten Sie z.B. herausfinden, wann Ihre produktiven Phasen am Tag sind. Und Sie sollten diese Phasen auch nutzen! Seien Sie ehrlich bei dieser Analyse. Viele behaupten, dass sie erst abends wirklich gut arbeiten könnten. Nicht wenige von ihnen prokrastinieren allerdings den ganzen Tag und fangen erst dann an zu arbeiten, wenn sie zu erschöpft zum weiteren Aufschieben sind und ihr innerer Widerstand gegen die Arbeit bröckelt. Die eigentlich produktiven Zeiten werden so gar nicht sinnvoll genutzt und die Arbeit an der Dissertation findet nur dann statt, wenn man sich bloß noch mäßig konzentrieren kann. Entsprechend sehen auch die Arbeitsergebnisse aus. Prüfen auch Sie vielleicht einmal, was und wieviel Sie sich eigentlich am Vormittag so angucken. Reichen Ihre Konzentration und Aufmerksamkeit in der Frühe für das Smartphone, das Café um die Ecke, Youtube oder das Wetter, könnten Sie vielleicht auch die Anforderungen ernsthafter Arbeit meistern…

Die produktivsten Zeiten sollten Sie regelmäßig zum Schreiben nutzen. Regelmäßig bedeutet, dass Sie sich selber die Regeln setzen müssen, nach denen Sie sich bei Ihrer Arbeit richten.[148] Denn als Doktorandin sind Sie selbständig[149] und damit selbst dafür verantwortlich, dass und wie Sie ihre Arbeitszeit nutzen. Am wichtigsten ist dabei ein realistischer Wochenplan,[150] den Sie einhalten. Sie sollten sich dabei weder über-, noch unterfordern. Tatsächlich gearbeitete dreißig Stunden in der Woche sind mehr wert als sechzig Stunden, die Sie sich vorgenommen haben, von denen Sie aber nur einen Bruchteil wirklich schaffen. Versuchen Sie, möglichst

---

148 Für Vorschläge entsprechender Arbeitspläne hilfreich *Pasternak*, in: Hechler/Hüttmann/Mählert/Pasternak (Hrsg.), Promovieren zur deutsch-deutschen Zeitgeschichte, 2009, S. 117 ff.

149 Zur entsprechenden Vorgabe der Promotionsordnungen oben, II.1.

150 Feste Tagesabläufe als Basis empfiehlt auch *Beyerbach*, Die juristische Doktorarbeit, Rn. 250 ff. (S. 119 ff.).

https://doi.org/10.1515/9783110986419-009

an jedem Arbeitstag zwei bis drei Stunden am Stück ohne Ablenkung am Text zu arbeiten und in dieser Zeit auch immer etwas Neues zu Papier zu bringen. Weniger sinnvoll ist es, sich zur Produktion einer bestimmten Zahl an Worten oder Seiten zu zwingen. Denn das setzt Sie nur unnötigem Druck aus und Sie fühlen sich schlecht, wenn Sie Ihr Tagespensum nicht geschafft haben. Dabei kann es bei den verschiedenen Abschnitten Ihrer Arbeit ganz unterschiedlich schwierig sein, einen umfangreichen neuen Text zu produzieren. Über den besten neuen Gedanken muss man meist stundenlang grübeln, während man mit einer für den Gedankengang notwendigen Wiedergabe allgemein bekannter Wahrheiten schnell mehrere Seiten füllen kann. Den Erfolg des einzelnen Arbeitstags sollten Sie daher nicht daran bemessen, wieviel, sondern dass Sie überhaupt etwas geschafft haben und so wieder einen Schritt auf dem Weg zum fertigen Buch vorangekommen sind.

Fangen Sie auch möglichst früh in Ihrer Promotion mit dem Schreiben an. Je länger Sie warten, desto höhere Erwartungen werden Sie selbst an das Ergebnis Ihres Schreibens stellen. Je mehr Sie sich solchermaßen unter Druck setzen, desto schwieriger wird es indes, überhaupt etwas zu schreiben. Je schwieriger der Anfang des Schreibens ist, desto länger werden Sie warten. Je länger Sie warten, ...[151] Vermeiden Sie diesen Teufelskreis und beginnen Sie wie das Evangelium: Am Anfang war und ist das Wort als erste Tat![152] Das Schreiben selbst ist auch nicht allzu geheimnisvoll, sondern im Kern ein lernbares Handwerk (dazu unter 3.).

Schreiben können Sie freilich nur, wenn es auch etwas gibt, das Sie schreiben wollen. Am wichtigsten sind dabei Ihre eigenen, neuen Ideen. Eine perfekte und sichere Methode zum Finden solcher Ideen gibt es nicht. Allerdings brauchen Sie sich auch nicht auf irgendeine mystische Eingebung zu verlassen, sondern Sie können den Ideenfindungsprozess fördern, indem Sie aktiv Inspiration suchen. Wichtige Elemente sind dabei zum einen die Sichtung des Forschungsstandes und die Einordnung Ihres Themas in den allgemeinen Diskurs (dazu unter 1.) und zum anderen die Sammlung des für Ihr Thema relevanten Materials (dazu unter 2.). Sie sollten freilich während Ihrer Promotion auch die Lektüre anderer, nicht unmittelbar einschlägiger Texte und allgemein den Kontakt zur Welt nicht vernachlässigen. Lesen Sie also auch Zeitungen, Romane, Sachbücher, gehen Sie in Museen, Ausstellungen, Theater, Oper oder ins Kino, etc. Bewahren Sie sich Ihre Neugier und seien Sie nicht bloß offen für, sondern im Wortsinn gierig auf Neues! Auf wirklich neue Ideen kommt man nämlich (bloß) dadurch, dass man Verknüpfungen zwischen Dingen herstellt, die auf den ersten Blick nichts miteinander zu tun haben.

---

151 Rather eat more fish. Fish gives you brains. With brains you can make money. Money can buy more fish! (weltweit in Fisch(!)restaurants zu findender Sinnspruch ungeklärten Ursprungs).
152 Joh. 1,1; etwas anders *Goethe*, Faust I, 3. Szene.

Denn (nur) was zunächst überraschend erscheint und abwegig ist, d.h. abseits bekannter Pfade liegt, kann sich gelegentlich (!) als genial herausstellen! Meist ist es zugegebenermaßen eher Unsinn, dafür aber lustig und den Humor sollten Sie bei der Promotion nicht verlieren.

Seien Sie auch unbesorgt, wenn sich die neuen Ideen nicht unmittelbar bei der Lektüre der Aufsätze, Romane oder der Betrachtung anderer Dinge einstellen, von denen Sie sich Inspiration erhofften. Wichtig ist eigentlich nur, dass Sie die Texte gelesen oder die Dinge betrachtet haben und dass Sie weiterhin von Ihrem Thema überzeugt und an ihm interessiert sind. Ihr Hirn wird dann ganz von allein die nötige weitere Arbeit leisten. Die neuere Hirnforschung hat nämlich ergeben, dass sich unser Hirn dauernd mit einer ganzen Menge parallel beschäftigt, es aber nur jeweils ein solcher Denkprozess ins Rampenlicht unseres Bewusstseins schafft. Es ist gewissermaßen wie eine Fernsehsendung, bei der immer der Reporter mit der gerade wichtigsten Neuigkeit live geschaltet wird und die anderen Reporter im Hintergrund an ihren Stories werkeln. Wenn Sie also etwas Neues gesehen oder erlebt haben, dann wird Ihr Hirn wahrscheinlich angeregt, an einem Gedanken zu werkeln, der das Neue mit Ihrem Dissertationsthema, das in Ihrem Hirn allgemein für Beschäftigung sorgt, verbindet. Seien Sie also darauf vorbereitet, dass jederzeit der Gedanke vorbeikommen kann, auf den Sie so lange gewartet haben. Wenn das Glück kommt, muss man ihm einen Stuhl hinstellen,[153] und wenn ein Gedanke kommt, muss man ihn festhalten! Seien Sie daher stets mit Papier und Stift bewaffnet.[154]

1. Die Sichtung des Forschungsstandes

Die Jurisprudenz ist eine argumentative Wissenschaft und lebt von der fortlaufenden Diskussion. Um den von Ihnen verlangten Fortschritt zu erzielen, müssen Sie an dieser wissenschaftlichen Diskussion teilnehmen und einen eigenen Beitrag leisten. Sie müssen also zunächst einmal den bisherigen Stand der Diskussion verstehen und Ihr Thema darin verorten. Wenn Sie ein häufig diskutiertes Thema gewählt haben, wird beides nicht allzu schwierig sein, aber wahrscheinlich eine Weile dauern.[155] Komplizierter wird es, wenn Sie eine seit längerer Zeit (scheinbar) eingeschlafene Diskussion wieder zum Leben erwecken oder gar eine ganz neue Diskussion begründen wollen.

---

153 So der Titel eines 1995 erschienenen Romans von *Mirjam Pressler.*
154 Dazu noch ausführlich unter VIII.3 b).
155 Siehe dazu bereits oben, Text bei und nach Fn. 140.

Ist es in einem bestimmten Gebiet zuletzt ruhig gewesen, so hat es sich dort offenbar ausdiskutiert. Man geht davon aus, dass alles Relevante schon gesagt ist. Ihre Aufgabe ist es dann vor allem, diese Meinung zu widerlegen. Sie können zeigen, dass die früheren Diskussionsbeiträge die gegenwärtige Problematik nicht mehr angemessen erfassen, da es in der Zwischenzeit wesentliche Änderungen des Rechts oder des tatsächlichen Regelungsproblems gegeben hat. Oder Sie können erklären, dass man bestimmte, schon früher gültige Argumente nicht bedacht hatte und die Diskussion daher zu Unrecht für abgeschlossen hielt. Wenig sinnvoll ist es allerdings, wenn Sie eine Diskussion nur deshalb wiederbeleben wollen, weil Sie die Gewichtung der Argumente und das daraus folgende Diskussionsergebnis stört. Die Etablierung einer h.M. hat im wissenschaftlichen Diskurs gerade die Aufgabe, solche Wertungsfragen einer weiteren Diskussion zu entziehen.[156] Spätere abweichende Mindermeinungen ohne neue substantielle Argumente werden deshalb zurecht nicht mehr gehört.[157]

Während die Ruhe einer eingeschlafenen Diskussion bloß ein (sanftes) Wecken im dargestellten Sinn von Ihnen fordert, verlangt die Stille um ein neues Problem andere Maßnahmen von Ihnen. Denn dann müssen Sie selbst eine neue Diskussion initiieren. Freilich sollten Sie den Neuigkeitswert des von Ihnen entdeckten Problems nicht überbetonen. Ganz und in jeder Hinsicht Neues gibt es nicht unter der Sonne.[158] Wenn Sie Ihr Problem abstrakter formulieren, werden Sie immer an eine bereits bestehende Diskussion anknüpfen können. Auf diese Weise erleichtern Sie Ihren Lesern und auch sich selbst den Zugang zu Ihrem Thema. Denn Sie stellen Ihr Problem in einen Zusammenhang mit dem bisherigen Diskussionstand und machen die dort erzielten Ergebnisse nutzbar. Allerdings relativieren Sie dadurch auch den Neuigkeitswert Ihrer Entdeckung. Sie begründen nämlich zumindest nach Ihrer eigenen Deutung keine ganz neue Diskussion, sondern lenken lediglich die Aufmerksamkeit der Wissenschaft auf einen bislang nicht beachteten Aspekt. Auch bei einem auf den ersten Blick ganz neuen Problem kommen Sie also um eine Sichtung des Forschungsstandes und die damit verbundene Lektüre nicht herum.

Wie genau und wie tiefgehend Sie den Forschungsstand sichten müssen, lässt sich nicht allgemein sagen. In den meisten Rechtsgebieten gibt es heute so viel Literatur, dass niemand mehr sämtliche Beiträge lesen kann. Auch Sie sollten daher weniger quantitative, als vielmehr qualitative Vollständigkeit anstreben. Alle wesentlichen Werke müssen Sie also beachten, während Sie den Rest getrost ver-

---

156 Näher *Martens*, Methodenlehre des Unionsrechts, 2013, S. 272.
157 Ein wichtiges neues substantielles Argument kann freilich sein, dass sich die gesamte Wertordnung geändert hat, auf deren Grundlage das Urteil der h.M. basierte. Was h.M. im Dritten Reich war, hatte daher unter der Geltung des Grundgesetzes regelmäßig kaum noch Bedeutung.
158 Prediger 1, 9.

nachlässigen können. Was wesentlich ist und was Rest, müssen Sie allerdings selbst entscheiden. Viele fürchten sich vor dieser Entscheidung, da das Urteil späterer Leser anders ausfallen und man ihnen vorwerfen könnte, Wichtiges übersehen zu haben. Diese Sorge ist indes unbegründet, wenn Sie strukturiert und sorgfältig vorgehen. Denn dann werden Sie sich während Ihrer Promotion selbst zum Experten in Ihrem Themengebiet bilden, dessen Urteil hier höchste Autorität zukommt. Anfangs sollten Sie sich freilich an anderen orientieren. Sie sollten daher zunächst die allgemeinsten und gleichzeitig aktuellsten Standardwerke und Archivaufsätze in Ihrem Bereich konsultieren und prüfen, welche Quellen dort verarbeitet wurden. Lesen Sie dann diese Quellen und versuchen Sie zu verstehen, wer in der gegenwärtigen Diskussion welche Bedeutung hat. Seien Sie aber nicht zu ehrfurchtsvoll und überlegen Sie immer auch gleich, ob diese Bedeutung aus Ihrer Sicht auch durch die Qualität der Beiträge gerechtfertigt ist. Da Sie die Diskussion voranbringen wollen, dürfen Sie sich mit ihrem gegenwärtigen Stand nicht zufriedengeben, und Sie müssen deshalb jeden Ansatz für Kritik auftun und nutzen! Diskussionsbeiträge, die inhaltlich nichts Neues bringen, können und sollten Sie nicht in Ihr Werk aufnehmen. Eine wichtige Funktion und verantwortungsvolle Aufgabe jeder (rechts-)wissenschaftlichen Arbeit ist es, die wertvollen und bewahrenswerten Informationen auszuwählen und alles Überflüssige auszusortieren.

Die Sichtung des Schrifttums kann einige Zeit in Anspruch nehmen. Schon im Studium haben Sie viel lesen müssen und dabei vielleicht auch gelernt, schneller zu lesen und größere Textmengen in kurzer Zeit auf wesentliche Informationen zu durchsuchen.[159] Ein solches schnelles Durchforsten von umfangreichen Texten ist auch jetzt bei der Arbeit an Ihrer Dissertation hilfreich, um sich einen ersten Überblick zu verschaffen. Grundsätzlich müssen Sie allerdings bei der wissenschaftlichen Arbeit, die nun von Ihnen gefordert ist, das Gegenteil lernen und gründlicher und genauer lesen als jemals zuvor. Es reicht jetzt nicht mehr aus, einen Text grob oder ungefähr verstanden zu haben. Nötig ist vielmehr ein möglichst exaktes und umfassendes Verständnis des jeweiligen Texts, das im besten Fall über das Verständnis des Autors hinausgeht. Der Autor aber wird regelmäßig (wie Sie) längere Zeit an seinem Text gearbeitet haben und es wäre erstaunlich, wenn Sie wesentlich weniger Zeit als er bräuchten, um den im Text behandelten Inhalt zu erfassen. Ein solchermaßen intensives Studium der Texte, wie soeben beschrieben, ist natürlich regelmäßig unrealistisch und für die Lektüre der meisten Aufsätze und Bücher aufgrund deren mangelnder Originalität und/oder Qualität tatsächlich auch unangemessen. Als wissenschaftliches Ideal sollten Sie dennoch eine sorgfältige und genaue Lektüre anstreben und je bedeutender ein Text ist, desto mehr Zeit sollten

---

159 Zu solchen Techniken etwa *Beyerbach*, Die juristische Doktorarbeit, Rn. 102 ff. (S. 53 ff.).

Sie in sein Studium investieren. Es ist unwahrscheinlich, dass Sie mehr als zehn Seiten eines gehaltvollen Archivaufsatzes in einer Stunde lesen und wirklich durchdringen können. Hier heißt es zu entschleunigen und genau hinzugucken! Denn das genauere Hingucken und dadurch etwas Neues entdecken, was andere beim flüchtigen Blick übersehen, das ist es, was neues Wissen schafft: Wissenschaft!

2. Sammlung des Materials

Von der Sichtung des Forschungsstandes ist in vielen Fällen die Sammlung des Materials zu unterscheiden.[160] Denn nur selten, etwa in einer rechtshistorischen oder einer rechtssoziologischen Arbeit, wird ein Forschungsstand selbst Gegenstand Ihrer eigenen Forschung sein. Im Regelfall dagegen handelt es sich lediglich um Sekundärquellen, die definitionsgemäß zweitrangig sind. Diese Sekundärquellen beschäftigen sich mit Primärquellen, die auch für Sie der eigentliche Forschungsgegenstand sein müssen, an den Sie Ihre Forschungsfrage richten. Die Sammlung aller für Ihre Dissertation wesentlichen Primärquellen ist deshalb besonders wichtig und Sie sollten hier sehr sorgfältig vorgehen. Keineswegs sollten Sie sich vorschnell mit dem Material zufriedengeben, das üblicherweise diskutiert wird. Denn Sie können den für eine promotionswürdige Dissertation notwendigen Erkenntnisfortschritt verhältnismäßig einfach erzielen, indem Sie neues, bislang noch nicht ausgewertetes Material auftun.

In einem ersten Schritt sollten Sie allerdings eine Bestandsaufnahme machen und verzeichnen, welche Quellen herkömmlich im Zusammenhang mit Ihrem Thema verwendet werden. Dabei können je nach Themengebiet und methodischem Ansatz ganz unterschiedliche Quellentypen in Betracht kommen: Rechtsquellen aller Art in dogmatischen Arbeiten; Briefe, Inschriften, archäologische Funde und andere Archivalien[161] bei einem rechtshistorischen Ansatz; etc. Versuchen Sie zu verstehen, warum man gerade diese Quellen ausgewählt hat und übernehmen Sie die herkömmliche Auswahl nicht einfach unkritisch. Eine solche Auswahl hat nämlich eine doppelte Funktion: Zum einen enthält sie die Behauptung, dass es unter den ausgewählten Quellen zumindest eine Gemeinsamkeit gibt, die im jeweiligen Zusammenhang von Bedeutung ist. Zum anderen wird mit der Auswahl einiger Quellen auch gesagt, dass diese Gemeinsamkeit mit allen übrigen Quellen nicht besteht. Sie sollten (1.) nachvollziehen, welche Gemeinsamkeit unter den Quellen bestehen soll, die

---

160 Zur Organisation des gesammelten Materials hilfreich *Pasternak*, in: Hechler/Hüttmann/Mählert/Pasternak (Hrsg.), Promovieren zur deutsch-deutschen Zeitgeschichte, 2009, S. 110 ff.
161 Zur Archivarbeit einführend *Menne-Haritz*, in: Hechler/Hüttmann/Mählert/Pasternak (Hrsg.), Promovieren zur deutsch-deutschen Zeitgeschichte, 2009, S. 142 ff.

herkömmlich in Ihrem Themengebiet diskutiert werden; (2.) überprüfen, ob tatsächlich (nur) die bislang behandelten Quellen diese Gemeinsamkeit besitzen; gegebenenfalls sollten Sie entsprechende Korrekturen und/oder Ergänzungen des Materials vormerken;[162] (3.) überlegen, ob Sie das Auswahlkriterium überzeugt, d.h. ob auch Sie die behauptete Gemeinsamkeit für so bedeutungsvoll halten, dass sie zur Abgrenzung Ihres Themengebiets geeignet ist; gegebenenfalls (4.) eine andere besser geeignete Gemeinsamkeit identifizieren und die danach relevanten Quellen auswählen.

Wichtig ist, dass Sie sich der Notwendigkeit einer Auswahl unter den Quellen bewusst sind. Von Natur aus haben die Dinge keine Gemeinsamkeiten, die Sie bloß entdecken müssten. Vielmehr setzt schon die Wahrnehmung einzelner, gegen einander abgegrenzter Dinge die Behauptung von Gemeinsamkeiten voraus, die bestimmte Phänomene mit einander verbinden. Diese Gemeinsamkeiten haben als Abstraktionen keine reale, sondern bloß eine geistige Existenz. Wir ziehen aus ihnen bestimmte Folgerungen, die mehr oder weniger hilfreich und sinnvoll sind. Sie sollten daher nicht verzweifeln, wenn Ihre Quellen die von Ihnen postulierte Gemeinsamkeit bei genauerer bzw. genauester Betrachtung nicht „wirklich" besitzen. Keine Eiche entspricht dem Ideal einer Eiche in jeder Hinsicht,[163] und dennoch könnte Ihnen wohl jedes Grundschulkind ohne Probleme eine Eiche zeigen. Auch Ihre Quellen brauchen Ihren idealen Vorgaben also nicht perfekt zu entsprechen. Es genügt, wenn Ihre Auswahlkriterien die ihnen zugedachten Aufgaben angemessen erfüllen, d.h. den behaupteten Erklärungswert besitzen. Eben hier liegt eine Ihrer zentralen Aufgaben: Sie müssen Ihre Auswahlkriterien rechtfertigen und darlegen, welchen Erklärungswert diese Kriterien Ihrer Ansicht nach haben und inwiefern dieser Erklärungswert größer ist als derjenige der herkömmlich verwendeten Kriterien. So kann es sein, dass Sie einen bestimmten neuen Vertragstypus entdecken, der zwar keine tiefere Grundlage im dispositiven Recht hat, aber in der bislang von der Wissenschaft unbeachteten Rechtspraxis eine detaillierte Ausprägung erfahren hat. Oder Sie könnten den herrschenden, auf Gesetz und Gewohnheitsrecht beschränkten Rechtsquellenbegriff verwerfen, weil er die Praxis der juristi-

---

162 Insbesondere in Rechtsgebieten mit einer großen Aktivität des oder der Gesetzgeber fällt es gelegentlich sogar Experten schwer, den Überblick über das gerade geltende Recht zu behalten. Fehler können sich aber auch daraus ergeben, dass bei der Behandlung eines konkreten Rechtsproblems in einem bestimmten Rechtsgebiet am Rande auf Fragen zu einem anderen Rechtsgebiet einzugehen ist, mit dem die Experten des ersteren Rechtsgebiets nicht so vertraut sind. Hier wird dann gelegentlich eine erste Behauptung von den übrigen Diskursteilnehmern ungeprüft übernommen und so zur (falschen) h.M.
163 Vgl. hierzu das berühmte Höhlengleichnis bei *Platon*, in: *Apelt* (Hrsg.), Platon, Sämtliche Dialoge, Band V, Der Staat, 1988, S. 269 ff.

schen Argumentation nur unzulänglich zu erklären vermag, und die Zahl der bei der Lösung von Problemen normativ wesentlichen Rechtsquellen (deutlich) erhöhen.[164] Je nachdem wie Sie den Begriff des Rechtsbehelfs verstehen, können privatrechtliche, wettbewerbsrechtliche und/oder strafrechtliche Reaktionsmöglichkeiten auf Rechtsverletzungen in Ihre Untersuchung einzubeziehen sein, usw.

Die Rechtfertigung Ihrer Quellenauswahl ist freilich nicht mehr Vorbereitung, sondern schon Inhalt Ihrer Dissertation. Materialsammlung und Schreibprozess gehen so ineinander über. Sicherlich werden Sie noch mehrfach beim Schreiben auf neue, bislang noch nicht beachtete Entscheidungen, Rechtsvorschriften usw. stoßen oder entdecken, dass Ihre Auswahlkriterien doch noch einer (kleinen) Modifikation bedürfen. Sie sollten sich dann nicht scheuen, die notwendigen Änderungen vorzunehmen. Auswahl und Auswertung des Materials erfordern wie so vieles im Recht ein Hin- und Herwandern des Blicks.[165]

3. Der Schreibprozess

Die Sichtung des Forschungsstandes und die Sammlung des Materials dienen nur der Vorbereitung. Neue, den Anforderungen einer Promotion genügende Erkenntnisse können sich aus der Darstellung der bisherigen Diskussion *per se* nicht ergeben und auch die bloße Präsentation von Materialien reicht als solche nicht aus. Ihre Aufgabe ist es vielmehr, das Material mit Hilfe der von Ihnen gewählten Methode eigenständig auszuwerten und in Auseinandersetzung mit den bislang erfolgten Diskussionsbeiträgen nachzuweisen, dass Ihr Ansatz neu, sinnvoll und besser ist. Diese Aufgabe können Sie nicht in beliebiger Form, sondern nur schriftlich erledigen. Obwohl Sie in Ihrem bisherigen Leben sicherlich schon einiges geschrieben haben, wird Ihnen das Ausformulieren Ihrer Gedanken zunächst vermutlich nicht leichtfallen. Die folgenden Ausführungen sollen Ihnen helfen, in Schwung zu kommen und eine etwaige Angst vor dem Schreiben zu verlieren.[166]

---

164 Vgl. insofern für das Unionsrecht *Martens*, Methodenlehre des Unionsrechts, 2013, S. 123 ff.

165 Zu dieser Metapher *Esser*, Vorverständnis und Methodenwahl in der Rechtsfindung, Rationalitätsgrundlagen richterlicher Entscheidungspraxis, 1972, S. 152.

166 Dazu auch *Beyerbach*, Die juristische Doktorarbeit, Rn. 208 ff. (S. 104 ff.); *Bacher/Raltchev*, Schreiben und Recherchieren für Juristen, 2012; allgemein *Theisen*, Wissenschaftliches Arbeiten, 18. Aufl. 2021; *Wolfsberger*, Frei geschrieben, 5. Aufl. 2021.

a) Schreibtypen

Man spricht, wie einem die Schnauze gewachsen ist, und man schreibt, wie einem die Feder fällt: Jeder tut es auf seine Weise. Verbreitet werden trotzdem unterschiedliche Schreibtypen unterschieden, die also offenbar typisch sind. So soll es Strukturfolger und Strukturschaffer, „bottom up"- und „top down"-Schreiberlinge und viele andere mehr geben. Hier werden nur beispielhaft vier Schreibtypen mit ihren wichtigsten Eigenschaften vorgestellt, von denen wir einiges lernen können.[167]

Als erstes tritt uns seiner Natur gemäß der mutige Abenteurer entgegen. Er attackiert sein Ziel sofort und fängt prompt an zu schreiben. Geplant wird hier nicht viel, weil man sowieso nicht vorhersehen kann, was hinter der nächsten Ecke kommt. Der mutige Abenteurer verlässt sich darauf, dass ihm schon immer der nötige Einfall kommt, wenn er ihn braucht.

Über solch naives Glücksvertrauen kann der gründliche Stratege nur staunen. Er beginnt erst, wenn der Plan theoretisch vollkommen entwickelt ist und alle vorbereiteten Schritte bloß noch praktisch gesetzt werden müssen. Der gründliche Stratege überlegt sich seinen Text vollständig und genau im Kopf und schreibt ihn dann in einem Zug nieder. Anschließende Verbesserungen sind nicht vorgesehen und für den sorgfältigen Strategen natürlich auch nicht nötig.

Sieht es für andere wie Wahnsinn aus, so ist es die Methode des kreativen Genies. Das kreative Genie lebt in und von dem Chaos, das den Ausgangspunkt seiner Schöpfung bildet. Gewerkelt wird je nach Lust und Laune immer da, wo es gerade etwas zu tun gibt, und die Konturen des Gesamtkunstwerks werden erst im Laufe der Zeit wie von selbst erkennbar. Das kreative Genie schreibt daher an vielen Teilen des Textes gleichzeitig und führt mal diesen, mal jenen Gedanken fort in dem Bewusstsein, dass sich am Ende alles mit höherer Hilfe schon fügen wird.

Der solide Handwerker dagegen glaubt an den Wert ordentlicher Arbeit. Qualität lässt sich nach Ansicht des soliden Handwerkers nicht durch Hokuspokus, sondern nur durch Übung, Anstrengung und Sorgfalt erreichen. Der solide Handwerker hat aber auch keinen übergroßen Respekt vor seiner Aufgabe: Er beginnt pragmatisch mit dem Schreiben und poliert den Text dann solange, bis dieser den gewünschten Glanz erreicht hat.

Wahrscheinlich werden Sie weder dem mutigen Abenteurer, noch dem gründlichen Strategen oder dem kreativen Genie auf der Straße begegnen und auch der solide Handwerker ist wohl eher ein Ideal als ein Mensch aus Fleisch und Blut.

---

[167] Angelehnt an *Grieshammer/Liebetanz/Peters/Zegenhagen*, Zukunftsmodell Schreibberatung, 3. Aufl. 2016, S. 29 ff.

Aber vermutlich haben Sie sich selbst mit einem der vier Typen eher identifizieren können als mit den anderen. Das liegt daran, dass alle vier präsentierten Schreibtypen durch ihren jeweiligen Charakter geprägt sind, der ihr Handeln maßgeblich beeinflusst. So wie die vier Typen allgemein mutig, gründlich, kreativ und solide sind und entsprechend an das Schreiben herangehen, so werden auch *Sie* beim Schreiben durch *Ihre* Eigenschaften bestimmt.

Wenn man den Knirps so betrachtet, kann man schon Zweifel haben, ob Hänschens Charakter noch formbar ist. Als angehende Doktorandin sind Sie aber jedenfalls eine ausgewachsene Johanna und können und sollen sich nicht mehr neu erfinden. Sie müssen sich so akzeptieren, wie Sie sind; seien Sie stolz auf Ihre Stärken und lernen Sie vor allem, mit Ihren Schwächen umzugehen. Die meisten beschäftigen sich am liebsten mit ihren Stärken. Das führt Sie aber erstens nicht weiter und zweitens sind Stärken für einen Juristen auch imVergleich zu anderen Berufen von eher untergeordneter Bedeutung. „Er war ein guter Jurist und auch sonst von mäßigem Verstand", hat *Ludwig Thoma* den Landgerichtsrat Alois Eschenberger humoristisch beschrieben[168] und damit zugleich etwas Allgemeingültiges über gute Juristen gesagt. Denn ein guter Jurist braucht keine besonderen Stärken; er darf nur keine besonderen Schwächen aufweisen. Die maximal erreichbare Qualität Ihrer Arbeit bestimmt sich nämlich stets nach dem, was Ihre größte Schwäche zulässt. Da die Jurisprudenz aber eine unüberschaubare Vielzahl an Fertigkeiten verlangt, ist es sehr schwer, sich durch keine größere Schwäche allzu sehr begrenzen zu lassen. Jeder hat nun einmal irgendwelche (auch größere) Schwächen. Setzen Sie sich bewusst mit *Ihren* Schwächen auseinander! Denn mit diesen Schwächen dürfen Sie sich nicht resigniert abfinden. Vielmehr müssen Sie das Beste daraus machen: In manchen Situationen können Schwächen zu Stärken werden, an den meisten Schwächen kann man arbeiten und sie so wenigstens ein bisschen mildern und in den fast allen anderen Fällen lassen sich die Ziele auch mit einem Handicap auf einem Umweg oder mit Unterstützung erreichen. Dies gilt im Leben allgemein und es gilt auch beim Schreiben einer Doktorarbeit.

Der ideale Autor ist kreativ und mutig, er arbeitet gründlich und solide an seinem Text und hat auch sonst noch jede Menge gute Eigenschaften. Ideal ist aber niemand auf dieser Welt und so sollten auch Sie nicht verzweifeln, wenn Sie dem Bild des idealen Autors trotz großer Bemühungen nicht entsprechen mögen. Ideale können dennoch als Vorbild dienen, dem wir nur näherkommen, aber nicht wirklich gleichen können und meist auch nicht wirklich gleichen wollen. In diesem Sinne sind auch die folgenden Ausführungen zum idealisierten Schreibprozess zu

---

168 Dazu ausführlich und sehr verständig LAG Baden-Württemberg, Beschl. v. 24.05.2007–9 Ta 2/07, BeckRS 2007, 45252 (Leitsätze abgedruckt in NZA-RR 2008, 93).

verstehen. Wohl kaum jemand, auch nicht der Autor dieser Zeilen, wird sich immer und vollkommen an diese Vorgaben halten. Doch ändert das nichts daran, dass alle nun folgenden Empfehlungen ihren Sinn haben und das Schreiben am besten vorangeht, wenn man, entsprechend seinem Charakter, diesen Empfehlungen nach Möglichkeit folgt.

b) Notizen

Die Gedanken sind frei; wer kann erraten, wann sie wo kommen werden? Fest steht jedenfalls, dass sie Schreibtische und Büroräume nicht sonderlich mögen und man sie eher unerwartet an den seltsamsten Orten und bei den merkwürdigsten Gelegenheiten trifft. Ideen und Gedanken sind zudem ziemlich scheu und sie fliehen vorbei, so dass man sie nur schwer fassen kann. Es gilt also, zu jeder Zeit und an jedem Ort möglichst gut vorbereitet zu sein, um sich Notizen machen und jede Idee festhalten zu können. Wichtig ist vor allem, *dass* Sie sich Notizen machen, weniger, wie Sie diese Notizen konkret verwenden. Denn schon die bloße Niederschrift gibt dem Gedanken eine Form, die er sonst nie gehabt hätte, und es besteht nun zumindest die Möglichkeit, dass Sie ihn später bei Ihrer Arbeit gebrauchen können.

Notizen können Sie natürlich auf allem machen, worauf sich ein Text irgendwie fixieren lässt: Post-its, Notizblöcke, Karteikarten, Einkaufszettel, das Smartphone und zur Not kann auch der Handrücken als Schreibunterlage dienen. Zur weiteren Nutzung lohnt sich jedoch ein wenig Aufwand an Aufbereitung. Denn ohne Ordnung werden Sie in den Massen Ihrer Notizen schnell untergehen und manch kluger Gedanke wird sich im Chaos unbemerkt verkrümeln.

Zur Ordnung der Notizen bieten sich verschiedene Verfahren an. Wichtig ist dabei vor allem, dass Sie mit Ihrem Verfahren auch wirklich arbeiten können; gute Vorsätze haben noch nie ein Buch geschrieben. Es hilft, wenn Ihr Ordnungssystem mit positiven Emotionen besetzt ist und es Ihnen ästhetisch Freude bereitet. So könnten Sie etwa eine Wand Ihrer Wohnung als übergroße Pinnwand nutzen, an der Sie Ihre Notizen befestigen und thematisch in Beziehung setzen, indem Sie Ihre Notizzettel gruppieren oder durch Fäden miteinander verknüpfen oder... Sie könnten auch alle Notizen auf (farbige?) Karteikarten übertragen und diese in einen großen (selbstgebauten?) Zettelkasten einsortieren. Oder Sie gestalten eine Art wachsende Collage Ihrer Gedanken, deren Kern ein Bild, ein Motto oder sonst etwas bildet, das Sie besonders (positiv!) mit Ihrem Thema verbindet. Ein schönes Notizbuch mag Sie indes zur Niederschrift Ihrer Gedanken animieren, aber eine sinnvolle Ordnung ist darin kaum zu erreichen. Selbst wenn Sie versuchen, in Ihrem Notizbuch Seiten für bestimmte Themenkomplexe zu reservieren, so fehlt doch Flexibilität, um den Umfang des Platzes gegebenenfalls anpassen zu können, und innerhalb der reservierten Abschnitte werden Sie Ihre Gedanken nur unsortiert so hinschreiben, wie sie Ihnen eben kommen. Flexibler ist insofern ein digitales Notizbuch, das zwar weniger hübsch, dafür aber sehr viel anpassungsfähiger ist und sich zudem problemlos nach Stichworten durchsuchen lässt. Es gibt hier zahlreiche Programme, die speziell für die Wissensorganisation im Rahmen von Doktorarbeiten und ähnlichen Qualifikationsschriften entwickelt worden sind.[169] Zu nennen sind hier u. a. citavi[170] und Auratikum[171]. Zur Not können Sie aber auch ein einfaches Word-Dokument erstellen, in dem Sie alle Ihre Notizen ablegen und so digital suchfähig machen.

c) Die handwerkliche Arbeit am Text

Am Ende soll die Dissertation ein gehaltvolles Buch sein, doch am Anfang gibt es nur leere Seiten. Vielen scheint es keinen gangbaren Weg vom Anfang bis zum Ende zu geben und das wüste Weiß der ersten Seite ist so einschüchternd, dass sie bereits vor dem ersten Schritt zurückschrecken. Diese Furcht vor der Leere (lat. *horror vacui*) ist nachvollziehbar, aber eigentlich unbegründet.[172] Denn Schreiben lernen kann jeder und es ist gerade Teil der Promotion, die Fähigkeiten zu erwerben, die man braucht, um ein ganzes Buch als Alleinautor zu verfassen. Sie brauchen sich also keine Sorgen zu machen, wenn Sie diese Fähigkeiten noch nicht (alle) gleich zu Beginn Ihrer Promotion haben. Fangen Sie mutig an zu schreiben und reflektieren Sie während des Schreibprozesses stets über Ihr Tun: Was war warum erfolgreich? Wo gab es aus welchen Gründen Probleme? Erarbeiten Sie sich so eine Methodik des, oder besser: *Ihres* wissenschaftlichen Schreibens, die *Ihnen* den Weg zu Ihrem Ziel, einer erfolgreichen Dissertation, aufzeigt.[173]

Der Leere der ersten Seite begegnen Sie am besten damit, dass Sie einfach etwas schreiben.[174] Es ist unwahrscheinlich und jedenfalls nicht nötig, dass Ihre ersten

---

169 Näher *Beyerbach*, Die juristische Doktorarbeit, Rn. 78 ff. (S. 39 ff.).

170 https://www.citavi.com/de.

171 https://auratikum.de/.

172 *Kruse*, Keine Angst vor dem leeren Blatt, 12. Aufl. 2007.

173 Übernehmen Sie darum auch nicht unkritisch die Methoden anderer. Was bei dem einen gut funktioniert hat, mag bei dem anderen kontraproduktiv sein. Auch im Hinblick auf die folgenden Ausführungen gilt also, dass Sie die Ratschläge nur als solche verstehen dürfen. Sie sollten die Tipps ausprobieren, überprüfen, ob etwas für Sie hilfreich ist, gegebenenfalls Modifikationen vornehmen und so *Ihre eigene* Schreibmethodik erarbeiten!

174 Ähnlich auch *Jesse*, in: Hechler/Hüttmann/Mählert/Pasternak (Hrsg.), Promovieren zur deutsch-deutschen Zeitgeschichte, 2009, S. 128 f. Für eine Vielzahl von Ideen, um in den Schreibfluss zu

Worte es schließlich tatsächlich in das gedruckte Buch schaffen. Deshalb müssen Sie sich auch nicht allzu viele Gedanken über Ihre ersten Worte machen, bevor Sie sie niederschreiben. Sobald Sie diese ersten Worte geschrieben haben, sollten Sie allerdings umso intensiver über sie nachdenken und Ihren ersten Satz einer umfassenden Kritik unterziehen. Schreiben ist vor allem Handwerk, bei dem das endgültige Produkt in vielen Arbeitsschritten und nach vielen Überarbeitungen *langsam* in Form gebracht werden muss. Man schreibt ein Buch nicht wie einen Aufsatz in der Schule, sondern man muss eher wie ein Bildhauer aus einem groben Klotz geduldig eine wunderschöne Statue herausmeißeln. Entwickeln Sie gleichwohl ein entspanntes Verhältnis zu Ihrem Text und haben Sie keine allzu große Ehrfurcht vor ihm. Anders als bei einem Marmorblock können Sie jedes einmal abgeschlagene Teil ganz einfach wieder anfügen. Sie können daher unbesorgt jedes Wort zur Probe einmal streichen und das sollten Sie auch tun. Denn jedes Wort muss sich rechtfertigen können, damit es wirklich endgültig in Ihr Buch aufgenommen wird.

Nicht zu empfehlen ist es, mit der Kritik allzu lange zu warten und erst einmal größere Blöcke oder gar einen ganzen „Entwurf" einfach mal so hinzuschreiben.[175] Auf diese Weise füllen Sie zwar schnell viele Seiten, aber Fast Writing ist nicht besser als Fast Food.[176] Die nötige gedankliche Tiefe einer Dissertation lässt sich ohne sorgfältiges Nachdenken nicht erreichen. Ohne Überarbeitungen kommen Sie deshalb ohnehin nicht aus. Je mehr Text Sie am Stück produzieren und je länger Sie mit der Überarbeitung warten, desto schwieriger und umfangreicher wird aber die Aufgabe der kritischen Revision. Es lässt sich schließlich kaum mehr sagen, wo man mit der Kritik anfangen sollte, und im schlimmsten Fall muss alles ganz von neuem geschrieben werden. Fehler lassen sich am besten korrigieren, wenn sie noch keine großen Auswirkungen haben konnten. Niemand würde ein Haus erst einmal in einem ersten Hinwurf einfach mal so bauen und sich erst anschließend angucken, was am Fundament noch so zu verbessern ist. Überprüfen auch Sie kritisch jeden Arbeitsschritt Ihrer Dissertation und schreiten Sie erst fort zur nächsten Bauphase, wenn Sie mit den bereits errichteten Teilen zufrieden sind.

---

kommen, siehe etwa *Silvia*, How to write a lot: A Practical Guide to Productive Academic Writing, 2007; *Wymann*, Schreibmythen entzaubern, 2016.

175 So aber *Brandt*, Dr. jur., S. 73 ff.

176 Eine „geniale Schreibmethode" ist so ein „Freewriting" für eine Doktorarbeit jedenfalls nicht; a.A. *Wolfsberger*, Frei geschrieben, 4. Aufl. 2016, S. 141. Sollten Sie allgemein Schwierigkeiten mit dem Schreiben haben, dann könnten Sie diese Methode allerdings sonst im Alltag einsetzen und etwa zur Übung jede Woche ein paar Briefe oder Karten schreiben. Ihr Partner, ihre Verwandten, Freunde und Bekannten würden sich bestimmt freuen!

Am wichtigsten beim Schreiben sind also die konstruktive Kritik des Geschriebenen und die darauf aufbauende Korrektur des eigenen Textes. Die Kritik sollte dabei systematisch erfolgen. Stellen Sie sich den Prüfprozess wie eine Due Diligence bei einem großen Unternehmenskauf vor. Zu Beginn sollten Sie sich möglichst eine Liste machen mit Punkten, die Sie für jeden neu geschriebenen Satz der Reihenfolge nach durchgehen wollen. Eine solche Liste könnte etwa zunächst eher technische Fragen abarbeiten, um dann zu inhaltlichen Fragen und der Stellung im Kontext vorzudringen;[177] z. B.: (1.) Lesen Sie den Satz auf Rechtschreibfehler durch; (2.) Lesen Sie den Satz auf Zeichensetzungsfehler durch; (3.) Überprüfen Sie die Grammatik; (4.) Überprüfen Sie das Verhältnis von Haupt- und Nebensätzen; (5.) Überprüfen Sie die Zahl der Gedanken in dem Satz (Grundregel: Nicht mehr als ein Gedanke pro Satz!); (6.) Überprüfen Sie den Gedankengang innerhalb des Satzes; (7.) Überprüfen Sie die Stellung des Satzes zum vorigen Satz; (8.) Überprüfen Sie die Stellung des Satzes im Absatz; (9.) Überprüfen Sie die Stellung des Satzes im Kapitel; (10.) Überprüfen Sie die Wortwahl auf Wiederholungen im Hinblick auf andere benachbarte Sätze; (11.) Überprüfen Sie die Stimmigkeit der von Ihnen verwendeten Metaphern.

Lesen Sie jeden neuen Satz (wenigstens am Anfang) für jeden einzelnen Punkt Ihrer Liste tatsächlich einmal gesondert und mit voller Konzentration durch. Seien Sie nicht ungeduldig. Die Arbeit an einem (!) Satz kann am Anfang durchaus schon einmal eine Viertelstunde dauern. Wenn Sie Ihre Prüfliste abarbeiten, fallen Ihnen wahrscheinlich gelegentlich auch noch andere Dinge auf, die Sie beim Lesen stören. Reflektieren Sie dann über dieses Störungsgefühl. Haben Sie seine Ursache identifiziert, können Sie erstens das konkrete neue Problem lösen und sollten Sie zweitens Ihre allgemeine Prüfliste entsprechend ergänzen. Solche Ergänzungen sollten Sie gegebenenfalls auch aufnehmen, wenn Ihr Text von anderen kritisiert wird. Überlegen Sie stets, ob die fremde Kritik Punkte betrifft, die durch Ihre Liste eigentlich bereits erfasst sind, oder ob es sich um neue, bislang noch unbeachtete Dinge handelt. Durch eine solche fortwährende Reflektion werden Sie im Laufe der Zeit eine verlässliche Methodik der Textarbeit entwickeln. Das Schreiben verliert dann einiges von seinem Geheimnis, aber zugleich werden Sie eine Sicherheit erlangen, die Ihnen solide und stetige Fortschritte ermöglicht.

---

177 Natürlich kann man die Reihenfolge der Prüfungspunkte auch umkehren, wenn man meint, dass sich der technische Aufwand nicht lohnt, wenn schon der Inhalt nicht stimmt. Es kann allerdings beruhigend sein, wenn man zunächst verhältnismäßig einfache Aufgaben erledigen kann, sodass man mit mehr Selbstbewusstsein an die inhaltliche Kritik geht. Dieses Selbstbewusstsein, d. h. ein Bewusstsein und die Akzeptanz der eigenen Stärken und Schwächen ist aber die wichtigste Voraussetzung für eine gute, nämlich möglichst objektive Eigenkritik.

Haben Sie bei Ihrer Prüfung einen Fehler oder eine Unstimmigkeit identifiziert, sollten Sie das entdeckte Problem durch einen minimalinvasiven Eingriff in Ihren Text lösen. Ihre Kritik des eigenen Textes sollte immer konstruktiv und nie zerstörerisch sein! Auch ein Chirurg hackt nicht das ganze Bein ab, wenn das Knie kaputt ist, sondern ersetzt nach Möglichkeit nur das Gelenk. Vor allem zu Beginn macht man häufig den Fehler, dem eigenen Text zu wenig zuzutrauen und einen Satz oder gar einen ganzen Absatz wegen eines einzigen Fehlers ganz zu streichen. Die Seite ist dann wieder leer und verlangt nach einem neuen Satz, der zwar den alten Fehler (hoffentlich) nicht mehr enthält, der aber bei sorgfältiger Prüfung höchstwahrscheinlich ein anderes, neues Problem aufwirft, das wiederum (scheinbar) die Streichung des ganzen Satzes verlangt. Solch ein unbarmherziges Auswahlprogramm, das nichts bestehen lässt, was nicht perfekt ist, wird nur ganz selten einen zufällig auf Anhieb geglückten Satz bestehen lassen. Sie als Autor werden sich über diese rein dem Glück und nicht Ihrem Können zu verdankenden Ausnahmen kaum freuen können; vor allem aber werden Sie von den dauernden Verlusten deprimiert sein. Wichtig ist es daher, immer so viel wie möglich stehen zu lassen und bloß den oder die erkannten Fehler zu korrigieren. Nur so werden Sie sichere und kontinuierliche Fortschritte machen.

d) Die Strukturierung

Manches Buch wird nur von seinen zwei Deckeln zusammengehalten. Niemand liest gerne darin. Ein gutes Buch dagegen fesselt seinen Leser mit einem roten Faden, der sich vom ersten bis zum letzten Satz durch das ganze Buch zieht. Auch Ihre Dissertation sollte sich gut lesen lassen und darum einen solchen roten Faden enthalten. Grundvoraussetzung dafür ist ein klar strukturierter Gedankengang, bei dem jede Einheit logisch auf der vorherigen aufbaut und zugleich die folgende Einheit vorbereitet. Wie diese Vorgabe im Einzelnen umzusetzen ist, lässt sich nicht allgemein sagen, sondern hängt vom jeweiligen Gegenstand Ihrer Forschung ab. Die Erfahrung lehrt, dass es wenig sinnvoll ist, allzu strikte Gliederungsschemata ohne Modifikationen auf alle Themen anzuwenden. Ein ursprünglich durchaus sinnvoller Katalog an Fragen, den die mittelalterlichen Glossatoren in den Einleitungen ihrer Werke nutzten,[178] kam deshalb ebenso außer Übung, wie ein später von dem italienischen humanistischen Methodenlehrer *Gribaldus Mopha* erfundenes berühmtes Analyseschema für Gesetze, das charakteristisch für den sogenannten *mos*

---

178 Dazu *Martens*, in: Heiß/Klappstein (Hrsg.), als bis wir sein Warum erfasst haben – Die Vierursachenlehre des Aristoteles in Rechtswissenschaft, Philosophie und Theologie, 2016, 37 ff.

italicus stand.[179] Resistent hat sich dagegen bislang die in Frankreich herrschende und auf *Descartes* zurückgehende Manier gezeigt, jeden Stoff in exakt zwei Teile zu dividieren, so dass die Gliederung aller juristischen Monographien dort gleich aussieht.[180] Diese formale Strenge hat den Vorteil großer Klarheit, vermag aber häufig sachlich kaum zu überzeugen, wenn sich ein Gegenstand nicht sinnvoll in zwei, sondern eher in drei oder noch mehr Teile aufspalten lässt.

Sie sollten sich in Ihrer Arbeit also nicht blind an einem Vorbild orientieren, sondern selbst unter Anwendung Ihrer Methode eine für Ihr Thema angemessene Gliederung entwickeln. Selbstverständlich können Sie sich aber von Arbeiten inspirieren lassen, die bereits ähnliche Themen erfolgreich behandelt haben. Grundsätzlich sinnvoll ist die Einteilung in eine Einleitung, einen Hauptteil und einen Schluss. Die Einleitung hat eine ähnliche Funktion wie Ihr Exposé. Sie soll in Thema und Methode einführen, darlegen, warum Ihr Ansatz interessant und neu ist, und einen Ausblick auf den weiteren Gang des Werks geben. Der folgende Hauptteil enthält dann die eigentliche Arbeit. Der Schluss fasst die wichtigsten Ergebnisse zusammen, stellt sie in einen weiteren Kontext und gibt gegebenenfalls einen Ausblick auf weitere Forschung, usw. Abrunden kann Ihr Werk ein Konzentrat Ihrer wichtigsten Erkenntnisse in Thesenform.[181]

Wenn Sie sich mit Ihrem Exposé hinreichend Mühe gegeben haben, können Sie es wahrscheinlich mit kleinen Modifikationen als Einleitung der Dissertation verwenden. Sie sollten sich daher vor Beginn der eigentlichen Arbeit an Ihrer Dissertation das Exposé noch einmal genau durchlesen und dann mit dem Hauptteil beginnen. Kehren Sie dann regelmäßig zu Ihrem Exposé zurück und reflektieren Sie darüber, wie sich Ihr Projekt im Vergleich zu dem ursprünglich vorgenommenen Programm entwickelt. Beschreibt das Exposé immer noch adäquat, was Sie getan haben? Sollte es Abweichungen geben, notieren Sie das. Auf diese Weise dokumentieren Sie zum Einen den Entstehungsprozess Ihrer Dissertation und sammeln zugleich die Punkte, die an Ihrem Exposé geändert werden müssen, damit es am Ende als Einleitung fungieren kann. Richtig überarbeiten und mit dem für eine Einleitung nötigen Feinschliff versehen sollten Sie Ihr Exposé aber erst zum Schluss,

---

179 *Gribaldus Mopha*, De Methodo ac Ratione Studendi Libri Tres, Lugduni sub scuto coloniensi, 1544, S. 77; zu Mopha näher *Martens*, in: Hähnchen (Hrsg.), Methodenlehre zwischen Wissenschaft und Handwerk: erstes Bielefelder Kolloquium, 2019, S. 37 ff.
180 Part I/Part II; jew. unterteilt in A., B.; jew. unterteilt in …
181 Bei der Formulierung dieser Thesen sollten Sie angemessene Sorgfalt und Zeit aufwenden. Bedenken Sie, dass viele Leser überhaupt nur diese Thesen lesen werden, um so schnell die wichtigsten Informationen Ihrer Arbeit zu erhalten. Diese Leser werden ihr Urteil über Ihre Dissertation ausschließlich anhand Ihrer Thesen formen; es liegt an Ihnen und der Qualität Ihrer Thesen, wie dieses Urteil ausfällt.

nachdem der Hauptteil fertig ist. Denn davor können sich hinsichtlich der genauen Formulierung der Forschungsfrage und der exakten Bestimmung der Methoden immer noch Änderungen ergeben.

Beginnen Sie also mit dem Hauptteil. Die Gliederung dieses Hauptteils hängt bei dogmatischen Arbeiten vor allem von Ihrem Erkenntnisziel ab: Wenn Sie den Rechtsstoff vergrößern und eine Rechtsnorm bzw. einen Normenkomplex durch eine Detailanalyse genauer verstehen wollen, bietet sich grundsätzlich ein lemmatisches Vorgehen wie bei einem klassischen Kommentar an. Sollten die einzelnen Einheiten dabei zu groß werden, müssen Sie diese Form der Kommentierung freilich durch eine eigene sachliche Gliederung ergänzen oder sogar ersetzen. Allein solch eine sachliche Gliederung kommt in Frage, wenn Sie den Rechtsstoff verkleinern und eine Vielzahl von Rechtssätzen ordnen wollen. Denn dann besteht Ihre Leistung gerade in der ordnenden Systematisierung dieser Rechtssätze. Trotz der Prominenz des Systembegriffs[182] in der deutschen Rechtswissenschaft fehlt es bislang leider an einer Methodik der wissenschaftlichen Systembildung. Soweit gefordert wird, dass sich das System induktiv aus dem zu ordnenden Material ergeben muss, kann sich diese Forderung nur auf die Darstellung, nicht aber auf die Entwicklung des Systems beziehen. Denn das System ist in dem ungeordneten Material gerade noch nicht enthalten, sondern muss erst von Ihnen geschaffen und auf das Material angewandt werden.

Eine Systematisierung kann nach externen oder nach internen Kriterien erfolgen.[183] Eine externe Systematisierung wird häufig bei neuen Rechtsgebieten vorgenommen, indem man Strukturen des geregelten Lebenssachverhalts aufgreift und diese dann auch zur Ordnung des Rechtsstoffs verwendet. So kann man etwa das Familienrecht nach dem Gang einer Ehe strukturieren und von der Verlobung über die Heirat und die Familiengründung bis zum Ende durch Tod oder Scheidung gehen.[184] Dieses Vorgehen hat den Vorteil, dass der Leser den Lebenssachverhalt mit seiner Struktur schon kennt und deshalb auch die Ordnung des Rechts ohne Schwierigkeiten nachvollziehen kann. Der Nachteil ist, dass die Struktur des Lebenssachverhalts regelmäßig nicht, oder doch zumindest nicht vollständig, den Eigenschaften des Rechtsstoffs angemessen ist. Wissenschaftlich wertvoller, wenn

---

182 Grundlegend insofern die Analyse von *Canaris*, Systemdenken und Systembegriff in der Jurisprudenz – entwickelt am Beispiel des deutschen Privatrechts, 2. Überarb. Aufl. 1983, S. 19 ff.
183 Diese Unterscheidung korreliert nur teilweise mit der üblichen, auf die Darstellung bezogenen Differenzierung zwischen einem äußeren und einem inneren System; dazu *Canaris* (Fn. 182), S. 86 mit Verweis auf *Heck*, Begriffsbildung und Interessenjurisprudenz, 1932, S. 139 ff.
184 Das 4. Buch des BGB ist leicht abweichend von diesem Schema aufgebaut; zu den Hintergründen der Konzeption des Familienrechts durch den Gesetzgeber des BGB HKK/Schmoeckel, Bd. IV, 2018, Einleitung IV: Christliche Theologie und die Konzeption des Familienrechts.

auch auf den ersten Blick regelmäßig schwieriger zu verstehen, ist daher ein auf diese Eigenschaften zugeschnittenes, internes System, das sich ganz aus den eigenen Wertungen des Rechts ergibt.

Da jedes System Ordnung schaffen soll, indem es die zu ordnenden Einheiten unter übergeordneten Kriterien zusammenfasst, muss man in einem ersten Schritt diese übergeordneten Kriterien entwickeln. Solche übergeordneten Kriterien werden in der deutschen Rechtswissenschaft herkömmlich als Prinzipien bezeichnet.[185] Wenn Sie ein Rechtsgebiet strukturieren wollen, sollten Sie sich deshalb über die Prinzipien klarwerden, die Ihrer Ansicht nach dem Rechtsgebiet zugrunde liegen. Sammeln Sie zunächst alle denkbaren Prinzipien. Sortieren Sie anschließend diejenigen aus, die Sie nicht überzeugen. Ordnen Sie schließlich die übrig gebliebenen Prinzipien: (1.) Gibt es logische Beziehungen unter ihnen? Das Abstraktionsprinzip im Sachenrecht etwa setzt das Trennungsprinzip voraus, während umgekehrt das Trennungsprinzip auch ohne Abstraktion sehr gut leben kann. (2.) Liegen alle Prinzipien auf derselben analytischen Ebene? Bei der Prüfung der Verhältnismäßigkeit lassen sich Geeignetheit und Erforderlichkeit (weitgehend) objektiv beurteilen, während die Angemessenheit regelmäßig eine letztlich subjektiv zu entscheidende Abwägung inkommensurabler Werte erfordert. (3.) Welche Verhältnisse bestehen unter den Prinzipien? Es ist häufig hilfreich, sich die theoretisch möglichen Verhältnisse der Prinzipien visuell zu veranschaulichen und entsprechende Tabellen zu erstellen. Möglicherweise übersehene Kombinationsmöglichkeiten werden durch Lücken einer solchen Tabelle unmittelbar einsichtig.[186]

Überlegen Sie sich, wie viele Gliederungspunkte Sie für die Systematisierung Ihres Rechtsgebiets brauchen. Wenn die bislang gefundenen Prinzipien bzw. Kombinationen aus ihnen noch nicht genügen, sollten Sie gegebenenfalls weitere Unterteilungen machen und feinere Unterscheidungen der Prinzipien vornehmen. Haben Sie dagegen zu viele Gliederungspunkte, sollten Sie versuchen, einige von ihnen zusammenzufassen, um so ein Gliederungsschema zu erreichen, das die Komplexität Ihres Rechtsstoffes angemessen reduziert. Wann ein System dem Stoff in diesem Sinne angemessen ist, lässt sich nicht allgemein sagen, sondern obliegt Ihrer Einschätzung und Ihrer Urteilskraft. Sie sollten freilich bedenken, dass das menschliche Hirn nur eine begrenzte Anzahl von Dingen auf einmal erfassen kann. Es bietet sich daher an, auf einer Gliederungsebene grundsätzlich nicht mehr als drei Punkte anzuführen, da größere Mengen regelmäßig nicht mehr als Zahl, son-

---

185 *Alexy*, Theorie der juristischen Argumentation, Die Theorie des rationalen Diskurses als Theorie der juristischen Begründung, 1. Aufl. 1978, S. 21, 299, 319; *ders.*, Zum Begriff des Rechtsprinzips, Rechtstheorie Beiheft 1, 1979, S. 84.
186 Berühmt ist etwa das Schema von Rechten und Pflichten von *Hohfeld*, Some fundamental legal conceptions as applied in judicial reasoning, Yale Law Journal 23 (1913), 16, 30.

dern als „viele" wahrgenommen werden. Die französische Vorliebe für die Dichotomie hat insofern durchaus einen ernsthaften wahrnehmungspsychologischen Hintergrund.

Erst wenn Sie Ihr System fertiggestellt haben, sollten Sie den Rechtsstoff einsortieren. Wie beim Aufbau eines neuen Kleiderschranks gilt: Erst aufbauen, dann einräumen! Selbstverständlich sollten Sie schon, während Sie Ihr System entwickeln, überlegen, welche Norm usw. später zu welchem Ordnungspunkt passen wird. Aber die Durchführung der Systematisierung erfordert häufig eine Rechtfertigung und zumindest eine kurze Erklärung, warum der jeweilige Gegenstand so und nicht anders eingeordnet wird. Diese Ausführungen können Sie erst sinnvoll machen, wenn Ihr gesamtes System – jedenfalls vorläufig[187] – fertig ist. In der Darstellung gibt es allerdings verschiedene Möglichkeiten. Wenn der Schwerpunkt Ihrer Arbeit in der (neuen) Systematisierung liegt, müssen Sie wahrscheinlich recht umfangreiche und komplexe Überlegungen anstellen. Es bietet sich dann an, diese Überlegungen in einem theoretischen Teil zusammenzufassen, in dem Sie Ihr System und die ihm zugrundeliegenden Prinzipien abstrakt erklären, und diese Theorie dann in einem praktischen Teil anzuwenden. Die Reihenfolge beider Teile ist dabei nicht zwingend festgelegt, sondern Ihnen überlassen. Sie können mit dem praktischen Teil beginnen und am dort verarbeiteten Material jeweils aufzeigen, welche Regeln und Prinzipien ihm unterliegen. Nach Sichtung des gesamten Materials können Sie dann die gefundenen Regeln und Prinzipien im abschließenden theoretischen Teil zusammenfassen.[188] Diesem in der Darstellung induktiven Modell steht ein deduktiver Ansatz gegenüber, bei dem Sie zunächst die abstrakten Regeln und Prinzipien präsentieren, die erst anschließend praktisch durchgeführt werden.[189] Wissenschaftlich sind beide Darstellungsformen gleichwertig. Sie sollten sich für die Variante entscheiden, die Ihnen persönlich mehr zusagt und die Ihnen für Ihre Zwecke angemessener erscheint!

Die Gesamtgliederung Ihrer Arbeit sollte mit dieser wachsen und gedeihen. Ganz zu Beginn sollten Sie eine Grobgliederung entwerfen, in der Sie das von Ihnen zu bearbeitende Forschungsfeld grob skizzieren. Da Sie noch nicht wissen, was Sie

---

187 Sie sollten auch während der Durchführung stets offen sein für etwaig notwendige Modifikationen Ihres Systems. Denn regelmäßig tauchen noch neue (kleinere) Probleme auf, die Sie bislang noch nicht bedacht haben und für die Ihr System daher noch keinen Platz vorsieht. Die dann erforderlichen Änderungen werden aber die Fundamente Ihres Systems nicht erschüttern, wenn Sie Ihre wichtigsten Prinzipien sorgfältig genug vorbereitet und durchdacht haben.

188 So mustergültig durchgeführt bei *Canaris*, Die Vertrauenshaftung im deutschen Privatrecht, 1967.

189 So beispielsweise *Schmolke*, Grenzen der Selbstbindung im Privatrecht, 2014; *Thomale*, Leistung als Freiheit, 2012; *Verse*, Der Gleichbehandlungsgrundsatz im Recht der Kapitalgesellschaften, 2006.

genau erwartet, können Sie nur Hypothesen darüber aufstellen, welche Dinge an welcher Stelle abzuhandeln sein werden. Trotzdem ist es sinnvoll, sich frühzeitig eine Vorstellung von dem ganzen Forschungsfeld zu machen und einen Gedankengang zu entwerfen, wie Sie alles *prima facie* Wesentliche auf diesem Feld vernünftigerweise abschreiten wollen. Dieser erste Plan braucht nicht allzu detailliert zu sein. Wenn Sie ein interessantes Thema bearbeiten, das neue Erkenntnisse verspricht, dann liegt es in der Natur der Sache, dass Sie bei Ihrer Arbeit auf Neues und Unerwartetes stoßen. Sie werden dann Zeit und Aufmerksamkeit auf dieses Neue verwenden, das in Ihrem ursprünglichen Plan nicht vorgesehen war. Sie müssen deshalb Ihre Gliederung während der Arbeit an der Dissertation stets Ihrem aktuellen Erkenntnisstand anpassen. Überprüfen Sie regelmäßig, ob Ihr Gedankengang wie geplant noch sinnvoll ist; vielleicht befinden Sie sich längst auf einem anderen, interessanteren Weg? Scheuen Sie sich nicht, auch größere Textblöcke immer mal wieder probeweise zu verschieben. Der Aufwand ist mit einer modernen Textverarbeitung nicht allzu groß. Häufig wird die Schönheit eines (Gedanken-)Wegs erst dann erkennbar, wenn man ihn tatsächlich einmal gegangen ist. Jedenfalls sollten Sie sich nicht stur an einen einmal eingeschlagenen Weg halten, nur weil er auf Ihrer ersten Gliederung so verzeichnet ist, die Sie mit einem ganz unzureichenden Kenntnisstand um die Schönheiten Ihres Forschungsfeldes erstellt haben. Die Promotion ist ein Abenteuer. Ein Abenteurer verbessert seine Karten beim Wandern und lässt sich nicht von seinem Navigationsgerät in die Pampa schicken!

Bei der Arbeit an Ihrer Dissertation werden Sie auf eine Vielzahl interessanter Dinge stoßen. Nicht alles davon gehört aber in den Text. Aufnehmen dürfen Sie grundsätzlich nur das, was wichtig und wesentlich für die Beantwortung Ihrer Forschungsfrage ist. Soweit das bei einer bestimmten Information nicht unmittelbar einsichtig ist und/oder sich offensichtlich aus der Anwendung Ihrer Methode ergibt, müssen Sie die Relevanz der Information für Ihr Thema (knapp) erklären. Dabei dürfen Sie davon ausgehen, dass dem Leser die Grundlagen des jeweiligen Rechtsgebiets vertraut sind. In einer kollisionsrechtlichen Arbeit etwa müssen Sie daher grundsätzlich nicht mehr lange Ausführungen über den Begriff der Qualifikation oder den Renvoi machen, wenn Sie hier keine eigenen neuen Gedanken vorbringen und nur den Stand der h.M. zugrundelegen wollen. Notwendiges Hintergrundwissen, das nicht unbedingt vorausgesetzt werden kann, sollten Sie knapp und konzentriert darstellen. Sie müssen sich auf die Darstellung der nötigen Dinge beschränken und einen Detailgrad wählen, der erforderlich ist, um nachvollziehen zu können, wie Sie zur Antwort auf Ihre Forschungsfrage gekommen sind. Alles, was nicht in diesem Sinne zwingend erforderlich ist, trägt für den angestrebten Erkenntnisfortschritt nichts bei und ist daher wissenschaftlich überflüssig. Wenn Sie zu Beginn der Arbeit hundert Seiten über das amerikanische Rechtssystem an und für sich geschrieben haben, im weiteren Verlauf der Arbeit dann aber nie mehr auf diese ersten hundert Seiten verweisen, spricht viel dafür, dass man sie streichen sollte. Sie können solche Informationen allenfalls in einem ausdrücklich gekennzeichneten Exkurs einfügen, wobei der Leser einen Exkurs von hundert Seiten wahrscheinlich nicht goutieren wird. Besser ist es, auf solche Exkurse zu verzichten und Ihre interessanten, in Ihrer Dissertation aber im Wortsinne abwegigen Beobachtungen an anderer Stelle, etwa in einem gesonderten Aufsatz, zu publizieren.

Wenn Sie sich unbedingt in Ihrer Dissertation zu Nebensächlichkeiten äußern wollen, können Sie das zur Not auch in Fußnoten tun. Wirklich sinnvoll ist das aber nicht. Denn es ist dann eher Zufall, ob ein Leser die Informationen dort wahrnimmt. Man spricht nicht ohne Grund von Fußnotengräbern und Sie sollten aus Ihrer Dissertation keinen überdimensionierten Friedhof machen. Halten Sie Ihren Fußnotenapparat daher klein.[190] In die Fußnoten sollten möglichst nur Nachweise zu den benutzten Quellen aufgenommen werden bzw. zu Quellen, die dem interessierten Leser die Möglichkeit zur vertieften Beschäftigung mit einem Thema geben. Schon bei dieser Beschränkung wird die Zahl Ihrer Fußnoten groß genug sein, um Ihr Werk hinreichend wissenschaftlich aussehen zu lassen.

e) Die Argumentation

Auch für Ihre Dissertation gilt grundsätzlich der allgemeine Standard der erforderlichen Argumentationstiefe bei juristischen Texten: Sie müssen alles begründen, was (1.) (noch) nicht offensichtlich ist oder (2.) nicht der ganz h.M. entspricht. Auf die h.M. dürfen Sie sich allerdings in einer Dissertation nur bedingt berufen: Soweit es sich um juristische Fragen handelt, wäre eine bloße Darstellung der herrschenden Ansichten zwar methodisch einwandfrei. Aber Ihre Arbeit scheiterte trotz dieser perfekten Methodik daran, dass sie keine neuen Erkenntnisse enthielte. Sie müssen also entweder neue juristische Fragen beantworten, zu denen es noch keine h.M. gibt, oder zu alten Fragen neue Antworten finden und damit von der bisherigen h.M. abweichen.[191] Zudem müssen Sie in Ihrer Dissertation schon wegen der von der Wissenschaft geforderten Objektivität stets auch auf alle Mindermeinungen eingehen, die nicht ihrerseits wegen ihrer zu schwachen Argumente offensichtlich abzulehnen sind. Auf das Referat einer h.M. können Sie sich also nur dann be-

---

190 Ähnlich auch *Beyerbach*, Die juristische Doktorarbeit, Rn. 368 (S. 162).
191 Möglich ist es auch, das Ergebnis der bislang h.M. mit neuen Argumenten zu stützen. Allerdings entspricht dieses neu begründete Ergebnis dann nicht mehr der alten herrschenden Meinung, die sich ja auf andere Gründe und damit andere Werte beruft.

schränken, wenn diese ganz herrschend ist und es keine ernstzunehmende Opposition (mehr) gibt.

Nicht selten muss man in einer juristischen Dissertation auf die Erkenntnisse anderer Disziplinen zurückgreifen. Da das Ziel einer juristischen Dissertation allein in Erkenntnisfortschritten juristischer Art besteht, können und sollen Sie sogar diese fremden Erkenntnisse regelmäßig ohne eigene Kritik verwenden. Allerdings können Sie von Ihren juristischen Lesern nicht ohne weiteres Spezialkenntnisse in anderen Fächern erwarten. Es ist daher Ihre Aufgabe, den Leser in die entsprechende Materie einzuführen und dabei auch gegebenenfalls den aktuellen Streitstand möglichst objektiv darzustellen. Für die dazu erforderliche Tiefe der Darstellung gibt es keinen absoluten Maßstab. Auch hier müssen Sie jeweils selbst konkret bestimmen, wieviele Informationen der Leser braucht, um das (außerjuristische) Hintergrundwissen zu erhalten, das nötig ist, um das eigentlich interessante juristische Problem im Kontext zu verstehen.

Das Wissen anderer Disziplinen ist im juristischen Diskurs immer nur und soweit relevant, als der Diskurs selbst auf dieses Wissen verweist oder sonst seine Wertungen von ihm abhängig macht. Überprüfen Sie daher stets, ob das fachfremde Wissen wirklich in diesem Sinne relevant für Ihre Arbeit ist. Allzu häufig finden sich in juristischen Qualifikationsarbeiten lange Ausführungen zu sicherlich allgemein interessanten Dingen, die allerdings für die konkrete juristische Fragestellung bedeutungslos sind. Solche Ausführungen sind überflüssig, gehen am Thema vorbei und genügen damit *per se* nicht dem Standard guter wissenschaftlicher Arbeit. Insbesondere in Arbeiten, die sich mit den rechtlichen Problemen neuer technischer Entwicklungen beschäftigen, finden sich allzu häufig allzu umfangreiche Passagen zu diesen Entwicklungen, von denen die Autoren offenbar fasziniert sind. Leider kommt über diese Begeisterung dann die eigentliche juristische Frage nicht selten zu kurz. Bemühen Sie sich um ein ausgewogenes Verhältnis und seien Sie sich stets bewusst, dass Sie eine juristische Dissertation schreiben und das rechtliche Problem daher unbedingte Priorität hat.

Wenn Sie sich fachfremdes Hintergrundwissen aneignen und sich dazu in die Literatur anderer Disziplinen einlesen müssen, werden Sie nicht selten selbst eine Meinung zu den dort diskutierten Problemen entwickeln. Es ist jedoch grundsätzlich nicht Ihre Aufgabe, in diesen für Sie fremden Jagdgründen zu wildern. Vergessen Sie nicht, dass Sie (nur) Jurist sind und bloß im Hinblick auf das Recht bzw. eines seiner Spezialgebiete über Sonderwissen verfügen, das Sie zur Teilnahme an *einem*, nämlich dem juristischen wissenschaftlichen Diskurs befähigt! Diskussionen in anderen Disziplinen sollten Sie daher grundsätzlich nur neutral darstellen. Wenn sich (noch) keine Lösung herausgebildet hat, die in der jeweiligen Disziplin allgemein akzeptiert wird, es also noch keine ganz h.M. gibt, dann müssen Sie diese Unklarheit feststellen und grundsätzlich auf dieser Basis weiterarbeiten. Die Lösungen der Disziplin sind nicht offensichtlich richtig und auch nicht hinreichend im fachwissenschaftlichen Diskurs konsentiert, als dass man sie in einer Diskussion als gesichert zugrunde legen könnte. Daran können auch Sie mit Ihren Argumenten nichts ändern. Denn Ihre Meinung als fachfremder Laie, die zudem regelmäßig nicht der Kritik der eigentlichen Fachwissenschaftler ausgesetzt ist, fügt dem fremden Diskurs nichts wissenschaftlich Brauchbares hinzu und ist daher prinzipiell unerheblich.

Einer eigenen Meinung sollten Sie sich regelmäßig auch in rechtsvergleichenden Arbeiten zumindest im Hinblick auf ausländische Rechtsordnungen enthalten. Denn ein Rechtsvergleich untersucht die ausgewählten Rechtsordnungen grundsätzlich aus der Außenperspektive.[192] Wenn der Vergleicher sich selbst in den Diskurs einer Rechtsordnung einbringt, verändert er dadurch den Untersuchungsgegenstand und manipuliert so die Grundlage seines Vergleichs. Neben diesem methodischen Problem wirft die Teilnahme an einem fremden Rechtsdiskurs auch Bedenken in sachlicher Hinsicht auf. Denn Ihnen fehlt dort zumeist die Expertise, um wirklich vollwertige Beiträge leisten zu können, die den fremden Diskurs tatsächlich so beeinflussen könn(t)en, wie dies in Ihrer Heimatrechtsordnung der Fall wäre.[193]

Eine Meinung können und sollen Sie freilich haben, wenn Sie sich in Ihrer Arbeit mit dem geltenden Recht Ihrer eigenen Rechtsordnung(en) beschäftigen. Hier genügt die Darstellung fremder Positionen zu einem Problem grundsätzlich nicht. Vielmehr ist eine eigene begründete Stellungnahme von Ihnen gefordert. Begründet heißt, dass Sie erstens alle Gegenargumente ausräumen und zweitens so viele Argumente für Ihre Meinung vorbringen müssen, dass der Leser Ihnen bedenkenlos zustimmen wird. Kein Argument für Ihre Meinung ist die Wiederholung derselben. Dass Sie etwas gut, richtig oder sonstwie überzeugend finden oder nicht, ist wissenschaftlich bedeutungslos. Sie sollten in Ihrer Arbeit auf solche Wertaussagen daher verzichten.

Um sämtliche Gegenargumente widerlegen zu können, müssen zunächst einmal alle identifiziert werden. Hier ist nun Ihre juristische Begabung gefordert. Sie müssen sich in die Position eines Gegners Ihrer Ansicht versetzen und von dort aus möglichst alle Argumente entwickeln, die gegen Sie sprechen. Eingehen müssen Sie insbesondere auf alle Argumente, die im Diskurs bereits gegen die von Ihnen favorisierte Lösung vorgebracht wurden, und auf alle Argumente, die sich mit den

---

192 Dazu ausführlich bereits oben, IV.2.a).

193 Wollen Sie sich unbedingt zu einem Sachproblem einer fremden Rechtsordnung äußern, veröffentlichen Sie am besten einen Aufsatz in einer dort angesehenen Zeitschrift. Solch einen Beitrag können Sie dann in Ihrer rechtsvergleichenden Dissertation wie jeden anderen entsprechenden Diskussionsbeitrag aus der Außenperspektive untersuchen.

allgemein gebräuchlichen Methoden konstruieren lassen.[194] Sie sollten sich aber bewusst sein, dass Ihre Sammlung an Gegenargumenten immer nur provisorisch sein kann. Stellen Sie Ihre Thesen daher während der Promotion möglichst häufig der Diskussion![195] Alle dort aufgebrachten Gegenargumente sind offensichtlich möglich, mögen sie Ihnen auch noch so abwegig vorkommen. Sie müssen auf diese Argumente eingehen und sie entweder widerlegen oder Ihre These entsprechend modifizieren. In jedem Fall steigt so die Qualität Ihrer Arbeit.

Im Laufe Ihrer Arbeit werden Sie immer wieder (Teil-)Probleme behandeln müssen, die schon von anderen thematisiert und zu deren Lösung bereits verschiedene Ansätze vorgebracht wurden. Häufig werden diese Ansätze nacheinander dargestellt, bevor dann abschließend eine neue, eigene Lösung entwickelt oder einer der dargestellten Lösungen, gegebenenfalls mit Modifikationen, gefolgt wird. Diese Problembehandlung kann allerdings allgemeinen wissenschaftlichen Standards grundsätzlich nicht genügen.[196] Denn wenn Sie ein Problem identifiziert haben, müssen Sie *alle theoretisch möglichen* Lösungen systematisch entwickeln und zusammen mit den jeweiligen Argumenten pro und contra umfassend darstellen, bevor Sie sich für eine dieser Lösungen entscheiden. Keineswegs dürfen Sie sich mit der Abhandlung der *historisch zufällig* bereits im Diskurs *vorgebrachten* Meinungen begnügen.[197] Der kontingente Datensatz an Meinungen ist nur dann von Interesse, wenn er selbst Gegenstand Ihrer Forschung ist, etwa wenn Sie rechtshistorisch arbeiten und untersuchen, welche Ansichten zu einem Thema zu einer bestimmten Zeit tatsächlich existierten. Interessiert Sie dagegen, wie in jeder dogmatischen Arbeit, das Thema selbst, müssen Sie systematisch und dürfen nicht historisch vorgehen. Auch hier gilt, dass Sie stets die für Ihr jeweiliges Erkenntnisziel angemessene Methode konsequent anwenden müssen. Freilich müssen Sie auch in einer dogmatischen Arbeit stets Nachweise geben, wenn eine der systematisch möglichen Lösungen eines Problems bereits von jemand anderem vorgeschlagen wurde oder wenn ein Argument bereits in einer anderen Publikation zu finden war. Sie müssen also die vorhandene Literatur in Ihre systematische Aufbereitung des Problems und seiner Lösungen integrieren.

Geichwohl ist es sinnvoll, mit der Sammlung der herkömmlichen „Meinungen" zu beginnen und so einen Eindruck zu erhalten, welche Lösungen andere für Ihr

---

194 Ausführlich zu vernünftigen Zweifeln im juristischen Diskurs *Martens*, Methodenlehre des Unionsrechts, S. 59 ff.

195 Dazu noch ausführlich unten, VII.

196 Siehe auch schon oben, Text vor Fn. 95.

197 Wäre ein solches Vorgehen korrekt, müsste man bei ganz neuen Problemen konsequenterweise ganz auf die Diskussion alternativer Lösungsmöglichkeiten verzichten dürfen; es genügte, überhaupt einen Lösungsvorschlag vorzubringen.

Problem bislang gefunden haben.[198] Diese Meinungen sollten Sie dann ordnen und auf ihnen möglicherweise gemeinsame Strukturen untersuchen. Überlegen Sie sich dann, ob man diese Strukturen ergänzen kann oder muss. Vielleicht ist es sogar sinnvoll, Ihren Problemkreis ganz anders zu strukturieren, weil wichtige Probleme bisher übersehen worden sind? In jedem Fall müssen Sie in einer dogmatischen Arbeit ein theoretisches, d.h. systematisches und/oder begriffliches, Gerüst entwickeln, das Ihrem ganzen Problemkreis eine klare normative Gestalt gibt. Die Meinungen anderer Autoren müssen Sie dann an den entsprechenden Stellen diskutieren.

„Entsprechend" bedeutet, dass die fremden Meinungen an den ihnen zugewiesenen Platz in Ihrem theoretischen Gerüst passen müssen. Diese Zuordnung fremder Gedanken kann problematisch sein, wenn Sie Ihr eigenes Konzept entwickelt haben, zu dem sich die anderen Autoren naturgemäß noch nicht äußern konnten. Vor Ihrer Entdeckung hat man die Dinge eben noch nicht so gesehen, wie Sie es jetzt tun. Sie können deshalb bloß Vermutungen anstellen, wie der jeweilige Autor sich wohl zu Ihren Überlegungen verhalten hätte. Dabei müssen Sie sein Werk interpretieren. Sie sollten die objektive Basis Ihrer Interpretation neutral darstellen und das fremde Werk nach Möglichkeit für sich selbst sprechen lassen. Drängt sich keine bestimmte Interpretation auf, dann ist es wissenschaftlich häufig überzeugender, eben diesen Befund zu konstatieren, als eine starke These mit schwachen Argumenten zu formulieren. Die Überzeugungskraft Ihres Systems, um das es ja geht, wird jedenfalls nicht dadurch erhöht, dass Sie es mit einem schon prinzipiell zweifelhaften und nun auch noch konkret unzureichend begründeten Autoritätsargument zu stützen versuchen.

f) Technische Fragen des Schreibens

Eine Reihe von Fragen rund um den Schreibprozess haben wir bereits behandelt. Es war mir wichtig zu zeigen, dass das wissenschaftliche Schreiben nichts Mystisches an sich hat, sondern im Kern solides Handwerk verlangt, das jeder erlernen kann. Wichtig ist vor allem, eine Schreibroutine zu entwickeln, stetig etwas zu Papier zu

---

198 Es kann sogar lohnend sein, sich bei dieser Sammlung fremder Meinungen nicht auf die Gegenwart des eigenen Rechtssystems zu beschränken, sondern zunächst eine empirische Sammlung aller im Laufe der Zeit entwickelten Lösungen vornehmen, die Sie dann anschließend systematisch aufbereiten und gegebenenfalls um eigene, neue Lösungen noch ergänzen; vgl. für den Versuch einer solchen Arbeit, in der ein systematisch-dogmatischer Teil durch einen rechtsvergleichend-dogmengeschichtlichen Abschnitt vorbereitet wurde, *S.A.E. Martens*, Durch Dritte verursachte Willensmängel, 2007.

bringen und den Text systematisch zu be- und überarbeiten. Um den Text durch Überarbeitungen verbessern zu können, müssen Sie freilich auch wissen, was einen guten Text ausmacht. Sie müssen etwaige Fehler Ihres Texts erkennen können. Dazu müssen Sie zunächst einmal die Grundregeln der deutschen Sprache beherrschen. Sollten Sie ein gespanntes Verhältnis zu Grammatik, Rechtschreibung oder Zeichensetzung haben, ist das nicht schlimm, aber ein Problem, das Sie während Ihrer Promotion lösen müssen. Vertrauen Sie nicht (nur) der Autokorrektur Ihrer Textverarbeitung. Niemand sollte zufrieden sein, wenn der Computer eine größere Elementarbildung als man selbst besitzt! Im Übrigen zeigen sich die für gute Forschung essentiellen Fähigkeiten zu Präzision und Konzentration gerade im (nur) vermeintlich Kleinen und Nebensächlichen.

Formale Fehlerlosigkeit ist freilich lediglich Grundbedingung, aber noch keine Garantie eines gelungenen Texts. Gelungen ist ein Text, wenn er seine Aufgabe als Kommunikationsmittel erfüllt. Er muss also gut verständlich und, da Sie ein Buch schreiben, gut lesbar sein. Ob ein Buch gut lesbar ist, hängt wie bei jedem Kommunikationsmittel nicht zuletzt vom Adressaten und dessen Eigenschaften ab. Sie müssen sich beim Schreiben daher immer in die Position Ihres künftigen Lesers versetzen: Überlegen Sie stets, welches Wissen Sie bei Ihren Lesern voraussetzen können, was für diese Leser interessant ist, in welcher Stimmung sie bei der Lektüre sein werden[199] und wie sie gegebenenfalls bei Laune gehalten werden können. Schreiben Sie nach Möglichkeit ein Buch, das (wenigstens) Sie selbst gerne lesen würden![200]

Erliegen Sie nicht dem in Deutschland verbreiteten Irrglauben, wissenschaftliche Texte müssten schwer verständlich sein. Aufgabe der Wissenschaft ist es, Ordnung in das Chaos zu bringen. Es ist leicht und erfordert keine Mühe, komplizierte Dinge kompliziert darzustellen. Einen Erkenntnisfortschritt leisten Sie nur dann, wenn Sie Komplexität reduzieren und die chaotisch erscheinenden Daten der Wirklichkeit auf eine einfachere theoretische Formel bringen. Klarheit und Ein-

---

199 Hier spreche ich aus unmittelbarer Erfahrung: Das Kapitel zur Krisenbewältigung habe ich bei einem ersten Entwurf in demselben Stil wie im übrigen Leitfaden geschrieben. Erst meine Frau hat mich richtig darauf aufmerksam gemacht, dass den Lesern dieses Kapitels wahrscheinlich nicht zum Lachen zumute sein wird und Sie sich nicht ernst genommen fühlen könnten. Ich habe das Kapitel dann noch einmal ganz neu geschrieben. Ob es jetzt adressatengerechter ist, müssen Sie beurteilen; ich kann nur versprechen, dass ich mir Mühe gegeben habe!

200 Vgl. in diesem Sinne *R. Zimmermann*, The Law of Obligations, 1990, S. xi: „I have tried to write the type of book [...] that I would have enjoyed to read when I studied for my law degree at the University of Hamburg". Schreiben Sie jedenfalls auf keinen Fall etwas, das Sie selbst nicht lesen möchten, oder gar etwas, das Sie selbst nicht verstehen. Wenn schon Sie als Autor Ihren eigenen Gedankengang nicht nachvollziehen können, dann wird es auch kein anderer Leser schaffen!

fachheit sind daher die größten Tugenden eines wissenschaftlichen Texts.[201] Auch Sie sollten sich deshalb um einen möglichst klaren und einfachen Stil bemühen. Ihre Sätze sollten nicht zu lang sein und grundsätzlich nicht mehr als einen Gedanken enthalten. Diese Beschränkung macht es Ihren Lesern und auch Ihnen selbst leichter, den Gedankengang nachzuvollziehen, indem jeder einzelne Schritt klar und eindeutig erfolgt. Wollen Sie ein Wort mit einem unklaren Inhalt verwenden, definieren Sie exakt, in welchem Sinne Sie dieses Wort verstehen! Benutzen Sie zudem möglichst wenige Fremdwörter und vor allem nur solche, die Sie auch wirklich kennen. Denn wenn Sie etwa Gesellschaftsverhältnisse feinfüsilieren statt sie fein zu ziselieren, werden Ihre Leser wahrscheinlich über Ihre vermeintlichen Hinrichtungsphantasien erschrecken, obwohl Sie doch bloß eine einfache Gliederung vornehmen wollten. Auch sollten Sie außerhalb von politischen Koalitionsvorbereitungen keine Dinge sondieren lassen, wenn sie lediglich voneinander gesondert werden müssen.[202]

Im Übrigen zeichnet sich ein guter Stil dadurch aus, dass er zu Ihnen passt und Ihre Persönlichkeit widerspiegelt. Wenn man Ihren Text liest und Sie darin wiederfindet, wird man Ihren Text so gerne haben, wie Sie es verdienen, gemocht zu werden. Umgekehrt liest niemand gerne einen Text, der ganz nach irgendwelchen objektiven stilistischen Vorgaben geschrieben und so gänzlich unpersönlich ist. Beim Lesen eines solchen Texts fühlt man sich nicht von ungefähr wie bei einem Gespräch mit dem Computer einer Servicehotline: Die Kommunikation ist in beiden Fällen gleich stil- und seelenlos. Gleichwohl gibt es natürlich allgemeine Stilregeln, die Sie beachten oder doch nur ausnahmsweise als bewusst eingesetztes Stilmittel brechen sollten. Als kreative Jungautorin sollten Sie sich für die Geheimnisse und Möglichkeiten schöner Sprache interessieren und entsprechend informieren.[203] Spielen Sie dann mit diesen Möglichkeiten und entwickeln Sie Ihren persönlichen Stil, der Ihrem Text seine/Ihre eigene Schönheit verleiht!

Da Sie einen wissenschaftlichen Text schreiben, müssen Sie auch die Regeln guter wissenschaftlicher Praxis einhalten. Als Reaktion auf zahlreiche Plagiatsaffären in den frühen 2010er Jahren haben sowohl die Vereinigung der Deutschen Staatsrechtslehrer[204] als auch die Zivilrechtslehrervereinigung[205] Leitsätze formu-

---

201 Nicht zufällig ist die berühmteste Formel in der Physik e=mc² und als solche wunderbar einfach. Ähnlich zu den Tugenden eines guten wissenschaftlichen Texts auch *Jesse*, in: Hechler/Hüttmann/Mählert/Pasternak (Hrsg.), Promovieren zur deutsch-deutschen Zeitgeschichte, 2009, S. 129 f.
202 Das sind nur zwei willkürlich gewählte Beispiele aus meiner Korrekturpraxis.
203 Siehe etwa *Walter*, Kleine Stilkunde für Juristen, 3. Aufl. 2017; *Beyerbach*, Die juristische Doktorarbeit, Rn. 295 ff. (S. 139 ff.).
204 https://www.vdstrl.de/gute-wissenschaftliche-praxis/ (zuletzt abgerufen am 08.03.2023).

liert, die ihr Verständnis einer solchen guten wissenschaftlichen Praxis wiederge-
ben. Sie sollten diese Leitsätze, die sich explizit auch an Doktoranden wenden,
einmal sorgfältig durchlesen. Allerdings sind die Leitsätze recht allgemein formuliert und sagen im Wesentlichen bloß, dass fremde Gedanken als solche gekenn-
zeichnet und entsprechend der im jeweiligen Fachdiskurs üblichen Regeln nachgewiesen werden müssen. Wie diese Zitierregeln im Einzelnen lauten, steht nicht in
den Leitsätzen. Sie müssen sich die Zitierregeln Ihres Fachgebiets daher selbst er-
schließen, indem Sie die Regeln induktiv aus den veröffentlichten Aufsätzen und
Monographien herleiten oder die entsprechende umfangreiche Ausbildungslitera-
tur konsultieren.[206] Sie brauchen aber keine Angst zu haben, dass Ihr Werk später
als Plagiat verurteilt wird, nur weil Sie in einer Fußnote einmal „vgl." statt dem
präziseren „so auch" oder noch richtiger „so schon" geschrieben haben. Die Regeln
guter wissenschaftlicher Praxis formulieren nämlich im Kern einen ethischen
Standard.[207] Es geht also um eine innere Haltung, die von Ehrlichkeit, Wahrhaf-
tigkeit und dem Streben geprägt ist, einen eigenen Beitrag zum wissenschaftlichen
Erkenntnisfortschritt der jeweiligen Fachdisziplin zu leisten. Wenn Sie Ihre Doktorarbeit mit dieser Einstellung verfassen, Ihren Text frei von Vorbildern formulieren und Gedanken (! Nicht bloß Formulierungen), die Sie von anderen übernommen haben, stets als solche kennzeichnen, dann befolgen Sie alle wesentlichen
Regeln der guten wissenschaftlichen Praxis und können unbesorgt etwaigen späteren Untersuchungen inquisitorischer Plagiatsjäger entgegensehen.[208]

Zur technischen Seite des Schreibens zählt im digitalen Zeitalter auch die Wahl
der richtigen Hard- und Software. Im Hinblick auf die Hardware benötigen Sie keine
besonderen Rechnerkapazitäten. Es genügt ein Gerät, das ein Textverarbeitungsprogramm am Laufen hält. Wichtig ist bloß, dass Sie regelmäßig externe Siche-
rungen Ihrer Arbeit vornehmen. Speichern Sie zu diesem Zweck jeweils mit dem
Datum versehene Versionen Ihres Manuskripts auf einem Memorystick und/oder in
der Cloud. Auf diese Weise können Sie die Entwicklung Ihrer Arbeit nachvollziehen
und gegebenenfalls auch noch später auf vorschnell verworfene Gedanken zu-

---

205 http://www.zivilrechtslehrervereinigung.de/index.php?id=160 (zuletzt abgerufen am 16.05.
2019).

206 Siehe etwa *Beyerbach*, Die juristische Doktorarbeit, § 5 (Rn. 352 ff.; S. 157 ff.); *Möllers*, Juristische
Arbeitstechnik, § 5 (S. 107 ff.); *Bergmann/Schröder/Sturm*, Richtiges Zitieren, 2010.

207 Hier sei verwiesen auf die zeitlosen Gedanken von *Weber*, Wissenschaft als Beruf, 1919, die jede
angehende Wissenschaftlerin einmal gelesen haben sollte!

208 Zurecht kritisch im Hinblick auf die politische Motivation mancher Plagiatsjäger v. *Münch/
Mankowski*, Promotion, S. 191 ff. Es ist freilich zu erwarten, dass die Mühe der Plagiatsaufdeckung in
absehbarer Zeit von KI übernommen werden wird. Da dann erstmals eine umfassende Untersuchung aller Veröffentlichungen möglich sein wird, ist bereits jetzt umso mehr zum Einhalten der
Regeln guter wissenschaftlicher Praxis zu raten!

rückgreifen. Um sich vor der Ablenkung durch Emails und Internet zu schützen, kann es hilfreich sein, für die eigentliche Schreibarbeit einen eigenen Laptop ohne Onlinezugang zu verwenden und jeden Tag zwei Stunden ausschließlich mit diesem Gerät zu arbeiten. Selbstverständlich können Sie so eine Klausur zur Konzentration auch über einen längeren Zeitraum ausdehnen! Empfehlenswert ist zudem die Arbeit mit mindestens zwei Bildschirmen, so dass Sie auf einem Bildschirm Ihr Textverarbeitungsprogramm nutzen und auf dem/n anderen Bildschirm(en) Zugriff auf elektronische Ressourcen haben.

Bei der Software gibt es heute eine große Vielfalt an Programmen, die Ihnen die Arbeit erleichtern können. Allerdings müssen Sie selbst entscheiden, ob der jeweils nötige Aufwand des Einarbeitens für Sie sinnvoll ist. Technisch möglich ist es auch, die ganze Dissertation mit einem Standardtextverarbeitungsprogramm zu erstellen.[209] Allerdings sollten Sie dann wenigstens mit Formatvorlagen arbeiten und Ihren Überschriften Gliederungsebenen zuweisen. So können Sie erheblich leichter in Ihrem Dokument navigieren und vor allem die Formatierung schnell unterschiedlichen Anforderungen anpassen. Das kann Ihnen etwa bei der Vorbereitung der Drucklegung einige Wochen an Arbeit ersparen!

Für die Literaturverwaltung gibt es spezielle Programme wie etwa citavi[210], Endnote[211], Auratikum[212], Mendeley[213] oder Zotero[214]. Mit diesen Programmen können Sie Ihr Literaturverzeichnis verwalten und es mit den Literaturnachweisen in Ihren Fußnoten koordinieren.[215] Die Programme schaffen so eine Ordnung in Ihren Fußnoten, die sonst kaum zu erreichen ist. Hilfreich können diese Literaturverwaltungsprogramme auch beim Erstellen einer Literaturliste sein, in die Sie laufend Quellennachweise aufnehmen, die Sie vielleicht bei Ihrer weiteren Arbeit noch brauchen können. Denn entsprechene Notizen auf irgendwelchen Zetteln gehen leichter mal verloren... Allerdings müssen Sie auch hier für sich selbst be-

---

209 Ein Überblick zu den insofern wichtigsten Funktionen von Microsoft Word 2019 findet sich bei *Möllers*, Juristische Arbeitstechnik, , Anhang 4 (S. 251 ff.); monographisch: *Lenz*, Wissenschaftliche Texte mit Word gestalten, 2019; *Thuls*, Wissenschaftliche Arbeiten schreiben mit Microsoft Word 365, 2021, 2019, 2016, 2013. Im Übrigen gibt es auch eine Reihe von knappen Anleitungen im Internet und Lehrvideos auf Youtube.
210 https://www.citavi.com/de.
211 https://endnote.com/.
212 https://auratikum.de/.
213 https://www.mendeley.com.
214 https://www.zotero.org/.
215 Ein (recht neutraler) vergleichender Überblick über die hier genannten Programme findet sich unter https://auratikum.de/blog/die-5-besten-citavi-alternativen-fuer-studenten/.

urteilen, ob der einmalige Einarbeitungsaufwand[216] für Sie sinnvoll ist und ob Sie das Programm dann auch wirklich diszipliniert nutzen werden.

---

216 Viele Universitäten bzw. ihre Bibliotheken bieten freilich entsprechende Einführungskurse an, die den persönlichen Einarbeitungsaufwand deutlich reduzieren. Erkundigen Sie sich, welche entsprechenden Angebote es an Ihrer Hochschule gibt! Eine Einführung bietet auch *Beyerbach*, Die juristische Doktorarbeit, Rn. 78 ff. (S. 39 ff.).

IX. Austausch und Diskussion

Die Jurisprudenz ist eine argumentative Wissenschaft. Ihre Wahrheiten lassen sich nur im Diskurs und immer bloß vorläufig und zeitbedingt feststellen. Denn (pragmatisch) wahr ist eine juristische Aussage, wenn (gerade) keine vernünftigen Zweifel an ihr bestehen. Vernünftige Zweifel setzen zunächst einmal voraus, dass überhaupt irgendwelche Zweifel aufgeworfen worden sind.[217] Um die Wahrheit Ihrer Aussagen zu demonstrieren, können Sie selbst versuchen, zunächst alle denkbaren Zweifel zu formulieren und sie dann anschließend sämtlich zu widerlegen. Auch wenn Sie sehr kreativ und methodisch bestens ausgebildet sind, wird es Ihnen allerdings nur selten gelingen, wirklich alle *denkbaren* Zweifel aufzudecken. Wahrscheinlich werden Sie einige mögliche Gegenargumente übersehen und deshalb nicht jeden Ihrer späteren Leser überzeugen können. Zudem mag die Überzeugungskraft Ihrer eigenen positiven Argumente für andere geringer sein als erwartet. Ob Ihre Thesen wirklich überzeugend sind, können Sie letztlich nur empirisch dadurch ermitteln, dass Sie tatsächlich andere zu überzeugen versuchen. Sie können damit warten, bis Sie Ihre Arbeit fertig gestellt haben. Ihr erster Leser wird dann der Erstgutachter Ihrer Arbeit sein, regelmäßig Ihr Doktorvater. Wenn er Ihre Ausführungen nicht überzeugend findet, haben Sie ein Problem. Und auch wenn Sie und Ihre Doktormutter ein eingespieltes Team bilden, so gibt es doch wenigstens mit dem Zweitgutachter einen echten Gegner, der eigenständig darüber urteilt, ob ihn Ihre Dissertation überzeugt.

Sie sollten sich also möglichst früh und möglichst häufig der Diskussion stellen.[218] Es genügt nicht, wenn Sie eine solche Diskussion nur simulieren, indem Sie mit sich selbst diskutieren. Denn erstens hielt man Personen, die mit sich selber reden, vor den Zeiten von Handy und Smartphone zurecht allgemein für seltsam und zweitens ist es meist ziemlich einfach, sich selbst zu überzeugen. Im Folgenden sollen deshalb Format, Aufwand und Nutzen der für Doktoranden wichtigsten Diskussionsformate kurz dargestellt werden. Das Gespräch in diesen Runden kann schließlich auch hilfreich sein, um seine bislang wirren Gedanken einmal so zu formulieren, dass sie wenigstens einigermaßen verständlich werden. Denn denken kann man nur in Sprache, und was man nicht klar ausdrücken kann, das hat man

---

217 Die aufgeworfenen Zweifel müssen zudem auch begründet werden können, indem sich erstens Argumente für sie vorbringen lassen, die nach den Diskursregeln zulässig sind, und diesen Argumenten zweitens nach dem Wertesystem der Rechtsordnung auch ein gewisses Gewicht zukommt; vgl. *Martens*, Methodenlehre des Unionsrechts, S. 65.
218 Ähnlich *Möllers*, Juristische Arbeitstechnik, § 9 Rn. 38; *Jesse*, in: Hechler/Hüttmann/Mählert/Pasternak (Hrsg.), Promovieren zur deutsch-deutschen Zeitgeschichte, 2009, S. 130.

https://doi.org/10.1515/9783110986419-010

auch noch nicht klar gedacht. Die Gesprächssituation zwingt aber zum verständlichen Ausdruck und damit zum klaren Denken.[219]

1. Doktorandengruppen

a) Das Format

Zwar wird im Rahmen Ihrer Promotion eine selbständige Leistung von Ihnen gefordert, aber Sie müssen deshalb doch nicht in Einsamkeit verkümmern. An Ihrem Lehrstuhl oder Institut bzw. Ihrer Fakultät wird es weitere Doktoranden geben, mit denen Sie sich zusammentun können. Suchen Sie sich möglichst frühzeitig solche Partner zum regelmäßigen Austausch! Wichtig ist, dass Sie als Doktoranden alle in einer ähnlichen Situation sind und vor vergleichbaren Problemen stehen. Denn so braucht sich niemand seiner Unsicherheiten zu schämen und es fällt allen leichter, sich zu offenbaren. Natürlich hat es auch Vorteile, sich an einem Vorbild zu orientieren und jemanden um Rat zu fragen, der schon erfolgreich promoviert hat. Aber solch ein Gespräch kann den Austausch mit anderen auf gleicher Augenhöhe nicht ersetzen, weil Sie nur so Ihre eigene Arbeitsmethode entwickeln und sich zur selbständigen Wissenschaftlerin bilden können, ohne Gefahr zu laufen, durch ein übermächtiges Vorbild dominiert zu werden.

Als zweckmäßige Gesprächsgegenstände einer Doktorandengruppe lassen sich Themengebiete unterschiedlicher Abstraktionshöhe unterscheiden. Erstens können und sollten Sie über allgemeine Probleme einer Promotion sprechen. Wie finanzieren Sie sich? Wie überwinden Sie schwierige Phasen? Wie motivieren Sie sich? Welche Probleme gibt es bei der sonstigen Arbeit an Ihrem Lehrstuhl? usw. Auch wenn die anderen Gruppenmitglieder Ihre Probleme nicht immer lösen können, hilft es doch häufig schon, einfach einmal über diese Probleme zu sprechen.

Zweitens können Sie über methodische Probleme, Ziele und Ideen Ihrer Dissertation diskutieren. Sie nähern sich dann bereits dem konkreten Inhalt Ihrer Arbeit und bleiben dennoch abstrakt, indem Sie sich noch nicht mit der Durchführung dieser theoretischen Überlegungen beschäftigen. Eben diese Durchführung, d.h. der Text Ihrer Dissertation kann den dritten und wichtigsten Gegenstand der Diskussion in einer Doktorandengruppe bilden. Sie sollten regelmäßig ausformulierte Teile Ihrer Dissertation von anderen lesen lassen. Es mag zunächst nicht einfach sein, das Ergebnis vieler Wochen Arbeit der Kritik auszusetzen. Häufig

---

219 Vgl. insofern grundlegend v. *Kleist*, Über die allmähliche Verfertigung der Gedanken beim Reden, ca. 1805/06.

werden Sie selbst noch nicht vollkommen von der Qualität Ihrer Arbeit überzeugt sein und fürchten, dass andere ein noch viel härteres Urteil fällen. Solchen Befürchtungen können Sie in mehrfacher Hinsicht die Grundlage entziehen: Erstens sollten Sie Ihre Einsätze niedrig halten, d. h. Sie sollten keine Texte vorlegen, die (scheinbar) den Anspruch der Perfektion haben, sondern Sie sollten wirklich *work in progress* lesen lassen. Zweitens sollten Sie sich Partner zum Austausch suchen, die zum einen auf einem ähnlichen Leistungsniveau arbeiten wie Sie und mit denen Sie zum anderen auch menschlich gut zurechtkommen. Kritik kann man auf ganz unterschiedliche Art formulieren. Was lustig gemeint ist, kann trotzdem als verletzend empfunden werden. Schaffen Sie deshalb drittens in Ihrer Gruppe eine Atmosphäre des gegenseitigen Wohlwollens und der ehrlichen, aber stets konstruktiven Kritik, so dass jeder prinzipiell von guten Absichten der anderen ausgeht und alle den Erfolg aller zum Ziel haben. Wenn sämtliche Dissertationen am Ende mit einem „summa cum laude" bewertet werden, ist das der GrödEr: der größte denkbare Erfolg Ihrer Gruppe!

b) Der Aufwand

Wieviel Aufwand eine Doktorandengruppe macht, hängt ganz von Ihnen ab. Zu unterscheiden sind der Gründungsaufwand und das notwendige laufende Engagement. Wie leicht die Gründung einer Doktorandengruppe ist, hängt von der bereits vorhandenen Infrastruktur ab. Wenn Sie an einem Lehrstuhl arbeiten, gibt es vielleicht schon eine Doktorandengruppe, der Sie sich einfach anschließen können. Promovieren Sie dagegen als Externe, ist Ihre Eigeninitiative gefragt.[220] Erkundigen Sie sich, ob gegebenenfalls im Dekanat Ihrer Fakultät eine zugängliche Liste von Email-Adressen der eingeschriebenen Promotionsstudenten existiert, machen Sie einen Aushang, usw. Werden Sie in jedem Fall aktiv! Denn ganz alleine promoviert es sich schlecht und die Gefahr, irgendwann frustriert abzubrechen, ist ohne Einbindung in eine Gruppe deutlich größer.

Wenn Sie eine Gruppe gefunden haben, sollten Sie gleich am Anfang zusammen festlegen, was Sie in welchem Umfang zusammen machen wollen. Denn es mag insofern ganz unterschiedliche Vorstellungen geben: Manche wollen vielleicht nur über allgemeine Probleme reden, während andere im Wochenrhythmus die jeweils

---

220 Manche Doktoreltern organisieren auch regelmäßige Workshops mit allen Ihren Doktoranden, d. h. nicht nur denen, die an ihrem Lehrstuhl beschäftigt sind. Nutzen Sie diese Gelegenheiten und melden Sie sich ggf. für einen Vortrag, in dem Sie Ihr Dissertationsprojekt vorstellen können! Eine sich regelmäßig treffende Doktorandengruppe können solche seltenen Workshops freilich kaum ersetzen.

fertiggestellten Abschnitte Korrektur lesen möchten.[221] Hier gibt es nicht eine richtige, sondern lediglich eine für Ihre Gruppe angemessene Lösung, nämlich diejenige, auf die Sie sich einigen können. Wichtig ist, dass Sie diese Lösung zu Beginn aushandeln oder, wenn Sie sich nicht einigen können, die Gruppe wieder auflösen und sich andere Partner suchen. Andernfalls sind Enttäuschungen und unnötiger Streit vorprogrammiert. Nach Möglichkeit sollten Sie zudem regelmäßige Treffen vereinbaren. Denn die Promotion ist ein so großes Projekt, dass Sie es ohne Routinen kaum bewältigen können. Wissen Sie dagegen, dass Sie beispielsweise alle sechs Wochen einen Text in Ihrer Gruppe vorlegen sollen, werden Sie dieser Pflicht bestimmt schon deshalb nachkommen, um sich nicht vor den anderen zu blamieren.

c) Der Nutzen

Wie groß der Nutzen einer Doktorandengruppe für Sie ist, hängt vor allem davon ab, wieviel Sie investieren wollen. So eine Gruppe lebt von der Gegenseitigkeit: Je mehr Sie sich einbringen, je intensiver Sie die Texte der anderen lesen, je mehr leckere Kuchen Sie backen und je hilfreicher Ihre Kritik für die anderen Gruppenmitglieder ist, desto mehr werden sich in der Regel auch diese engagieren. Wenn es Ihnen gelingt, eine entsprechende Gruppendynamik zu erzeugen, können Sie sich gegenseitig motivieren und vor allem einander über schwierige Phasen tragen, die es in jeder Promotion irgendwann einmal gibt. In jedem Fall aber wird die Qualität Ihrer Dissertation steigen, wenn Sie Ihre Ideen und Argumente, in welcher Form auch immer, regelmäßig in Ihrer Gruppe zur Diskussion stellen.

2. Diskussionsforen und Discussion Groups

a) Das Format

Neben privaten Doktorandengruppen gibt es an vielen Universitäten auch regelmäßig tagende Diskussionsforen, die sich nicht nur, aber doch vor allem an Doktoranden richten. Solche Foren stehen meist allen Interessierten offen. Als Zuhörer sind Sie dann jederzeit willkommen und auch zum Vortrag wird man Sie gerne zulassen, wenn Sie sich entsprechend frühzeitig melden. Die konkreten Regeln unterscheiden sich selbstverständlich von Forum zu Forum. Sinnvoll sind für Sie

---

221 Dazu näher schon eben, VII.1.a).

indes vor allem solche Foren, in denen wirklich *work in progress* präsentiert und diskutiert wird. Denn nur dann kann der Vortragende von den Beiträgen der übrigen Teilnehmer tatsächlich profitieren, und nur dann können diese übrigen Teilnehmer wirklich neue Ideen entwickeln, die sie vielleicht auch bei ihrer eigenen Arbeit verwenden können. Werden dagegen nur die Ergebnisse abgeschlossener Forschungsprojekte bzw. ihrer Teile vorgestellt, können neue Gedanken zum einen dort nicht mehr eingearbeitet werden und wird es zum anderen auch sehr schwierig, als Außenstehender überhaupt noch etwas sinnvolles Neues gegenüber einem Experten zu äußern, der jedenfalls selbst davon überzeugt ist, alles Wesentliche zu seinem Thema behandelt zu haben.[222]

Damit es zu einer lebhaften Diskussion kommt, sollten die Vorträge allenfalls zehn bis fünfzehn Minuten lang sein. Sie sollten kurz in das jeweilige Thema einführen und dann möglichst nur ein Problem bzw. eine Idee präsentieren, worüber dann im Folgenden diskutiert werden soll. Überlegen Sie sich, ob Ihr abstraktes Problem anhand eines konkreten Beispiels veranschaulicht werden kann. Sie müssen sich freilich der Gefahr bewusst sein, dass die Diskussion dann zu einer Art gemeinsamer Falllösung ausarten kann, bei der Ihr eigentliches abstrakt-allgemeines Problem in den Hintergrund tritt. Juristen tendieren leider dazu, Einzelfälle anstelle von Theorien zu diskutieren! Sollte sich diese Gefahr realisieren, müssen Sie als Diskussionsleiter das Gespräch wieder auf das eigentliche allgemeine Thema zurücklenken.

b) Der Aufwand

Als einfacher Diskussionsteilnehmer beschränkt sich der Aufwand eines Forumsbesuchs auf die Dauer der jeweiligen Sitzung. Allgemein gehen Sie durch den einmaligen Besuch auch keine Pflicht zur regelmäßigen Teilnahme ein. Wenn Sie selbst vortragen, müssen Sie sich natürlich entsprechend vorbereiten. Doch auch dann sollte der Aufwand überschaubar bleiben. Machen Sie sich zu Beginn Ihrer Vorbereitungen noch einmal bewusst, dass Sie erstens keine fertigen Ergebnisse, sondern *work in progress* präsentieren wollen, und daher zweitens weniger Antworten als vielmehr Fragen formulieren sollten. Anders als in einer Vorlesung wollen Sie Ihre Zuhörer nicht belehren, sondern etwas von ihnen lernen. Ihr Vortrag sollte entsprechend angelegt sein. Das bedeutet, dass Sie Ihre Zuhörer zunächst einmal in

---

222 Problematisch können insofern Doktorandenkolloquien sein, wie sie leider häufig organisiert werden. Zum Vortrag in solch einem Kolloquium etwa *Klippel*, Die rechtswissenschaftliche Dissertation, 2020, S. 99 ff.

die Problematik einführen müssen. Überlegen Sie sich, welches Wissen Sie bei Ihren Hörern voraussetzen können und was Sie ergänzend erklären müssen. Die Einführung in das Thema sollte nicht mehr als die Hälfte Ihrer Vortragszeit dauern. Die übrige Zeit sollten Sie Ihr konkretes Problem darstellen und erklären. Sie können gegebenenfalls auch schon mögliche Lösungen präsentieren, aber Sie sollten es vermeiden, bereits im Vortrag Stellung zu beziehen und/oder die Liste der dargestellten Lösungen abschließend zu formulieren. Denn in beiden Fällen schüchterten Sie die übrigen Diskussionsteilnehmer unnötig ein. Animieren Sie Ihre Hörer zur Stellungnahme besser dadurch, dass Sie offene Lösungsansätze zum Weiterdenken vorstellen.

Zumeist erschöpfen sich Ihre Verpflichtungen im Forum mit Ihrem Vortrag. Sie brauchen diesen Vortrag in der Regel nicht schriftlich auszuarbeiten, da es für gewöhnlich keinen Sammelband gibt. Es steht Ihnen frei, ob Sie eine gesonderte Publikation veröffentlichen oder sich wieder ganz auf Ihre Dissertation konzentrieren und die Ergebnisse des Forums allein hierfür verwenden.

c) Der Nutzen

Als einfacher Diskussionsteilnehmer an einem Forum lernen Sie zunächst einmal andere Doktoranden kennen. Sie können zudem in einer lockeren Runde erfahren, welche Themen sonst bearbeitet werden und wie andere forschen. Vor allem aber können Sie sich in einem guten Forum auch zu eigenen neuen Ideen anregen lassen, indem Sie Verknüpfungen zwischen dem jeweiligen Vortragsthema und Ihrer eigenen Forschung herstellen. Überlegen Sie sich, welche Verbindungen bestehen und/oder sich konstruieren lassen. Selbst wenn die Themen wenig mit einander zu tun haben mögen, kann es doch in der Methodik Parallelen geben. Nutzen Sie das Forum als Zuhörer zum freien Assoziieren und notieren Sie sich alle interessanten Ideen. Zurück am eigenen Schreibtisch können Sie alles allzu Verrückte immer noch ohne weiteres im Papierkorb entsorgen.

Ob und wie Ihnen der eigene Vortrag in einem Forum nützt, liegt naturgemäß nicht allein in Ihrer Hand, sondern vor allem auch an den übrigen Teilnehmern und deren Beiträgen in der Diskussion. Sie können diese Diskussion nur möglichst gut durch Ihren Vortrag vorbereiten. Seien Sie indes nicht zu enttäuscht, wenn die Diskussion trotzdem ohne Ertrag für Sie bleibt. Denn auch dann können die Vorbereitung und der Vortrag selbst Sie weitergebracht haben. Sie werden gemerkt haben, dass es gar nicht so einfach ist, andere in den ersten fünf Minuten Ihres Vortrags in Ihr Thema einzuführen und sie vom Wert Ihrer Forschung zu überzeugen. Gerade wenn Sie tief in den Details spezieller Probleme versunken sind, ist es hilfreich, sich auf die großen Linien zu besinnen und sich (noch) einmal bewusst zu werden, worum es im großen Ganzen denn eigentlich geht. Denn dieses große Ganze sind die wichtigsten Ideen, die Ihre Dissertation als rote Fäden zusammenhalten sollen, nicht mehr und nicht weniger! Sie sollten sich dieser Ideen immer wieder vergewissern und sie in der Präsentation anderen gegenüber weiter präzisieren und festigen. Am meisten lernt man beim Lehren und erst, wenn man erklärt, merkt man, was alles erklärungsbedürftig ist. Insofern ist auch und vor allem jeder Vortrag im Zusammenhang mit Ihrer Dissertation von Vorteil: Sie werden gezwungen, über die Kernbotschaft Ihrer Arbeit zu reflektieren und diese Botschaft möglichst gut an andere zu vermitteln. Ob Ihnen letzteres gelingt, sollten Sie stets nach dem Vortrag in Einzelgesprächen überprüfen.[223] Sollten Ihre Zuhörer einmal nicht verstanden haben, was Sie sagen wollten, können Sie auch daraus nur lernen und haben beim nächsten Vortrag eine neue Chance zur Verkündung Ihrer Wahrheiten.

3. Tagungen und Konferenzen

a) Das Format

Von den eher informellen Diskussionsforen zu unterscheiden sind wissenschaftliche Tagungen und Konferenzen, auf denen eine Vielzahl von Vorträgen unter einem Oberthema gehalten werden. Solche Tagungen können einmalig aus einem speziellen Anlass oder in regelmäßigem Rhythmus stattfinden. Im letzteren Fall ist das Oberthema meist sehr weit gefasst und es sind weniger die Vorträge durch dieses Thema als vielmehr die Vortragenden durch einen anderen Grund (meist die Mitgliedschaft in einem Verein) mit einander verbunden. Umfang und Dauer von Konferenzen und Tagungen können sehr unterschiedlich sein. Mehr als sechs Vorträge pro Tag sollten (!) es jedoch nicht sein, da die menschliche Aufnahmekapazität beschränkt ist. Ob und gegebenenfalls wieviel Zeit für eine Diskussion der Vorträge zur Verfügung steht, hängt in mehrfacher Hinsicht vom Organisator ab. Denn zum einen setzt er den entsprechenden Zeitplan an und zum anderen muss er auch dafür sorgen, dass dieser Zeitplan eingehalten wird. Eine realistische Planung kalkuliert stets mit einer Reserve von mindestens zehn Prozent und einem zusätzlichen Puffer für Umbauten etc. von mindestens fünf Minuten zwischen den einzelnen Programmpunkten. Selbst dann ist jedoch erfahrungsgemäß ein strenges

---

223 Fragen Sie dabei konkret nach den Inhalten, die Ihre Zuhörer verstanden haben. Wenn Sie nur allgemein fragen, ob der Vortrag gut war, werden alle einigermaßen zivilisierten Zuhörer schon aus Höflichkeit mit Ja antworten. Das nützt Ihnen indes gar nichts.

Zeitmanagement notwendig, bei dem vor allem die Vortragenden gegebenenfalls frühzeitig darauf hingewiesen werden, dass sie ihr Zeitbudget überschreiten *werden*. Aber auch die anschließende Diskussion bedarf einer Leitung, die darauf achtet, dass alle wichtigen Punkte entsprechend ihrer Bedeutung in einer angemessenen Zeit behandelt werden.

Neben den Vorträgen gibt es regelmäßig noch ein mehr oder weniger umfangreiches Begleitprogramm. Diese Zeit dient dem freien Austausch und dem Netzwerken. Auch Sie sollten die Gelegenheit nutzen, um andere Wissenschaftler kennenzulernen und sich selbst bekannt(er) zu machen.

b) Der Aufwand

Sowohl die Organisation als auch die Teilnahme an einer Konferenz oder Tagung sind regelmäßig aufwendiger als bei einer einfachen Diskussionsrunde. Wenn Sie eine wissenschaftliche Karriere anstreben, sollten Sie erwägen, während Ihrer Promotion oder anschließend in der Habilitationsphase einmal selbst eine Tagung zu organisieren. So können Sie viele Kontakte knüpfen und Sie zeigen zudem Organisationstalent, das in späteren Berufungsverfahren sicherlich als Pluspunkt gewertet wird. In der Regel werden Sie als Doktorandin aber bloß als einfache Zuhörerin oder Vortragende an einer Konferenz teilnehmen. Der Aufwand als Zuhörer ist vor allem materieller Art. Zumeist sind die Tagungsbeiträge für Doktoranden aber ermäßigt und/oder es gibt Zuschüsse von dritter Seite. Am Finanziellen sollte es nicht scheitern! Tragen Sie selbst vor, übernehmen die Veranstalter häufig sogar alle Reisekosten. Der Aufwand beschränkt sich dann ganz auf den Vortrag. Solch ein Vortrag auf einer Tagung soll nach ganz h.M. indes nicht nur *work in progress* vorstellen, sondern möglichst gut abgesicherte Forschungsergebnisse präsentieren. Diese Erwartungshaltung manifestiert sich nicht zuletzt dadurch, dass im Anschluss an Tagungen sehr häufig ein Tagungsband erscheint, in dem alle Vorträge als Aufsätze dokumentiert werden. Wenn Sie einen Vortrag auf einer Tagung in Erwägung ziehen, sollten Sie sich erkundigen, ob dort ebenfalls ein solcher Tagungsband geplant ist und gegebenenfalls welchen Umfang Ihr Beitrag haben und bis wann er fertiggestellt werden müsste.

c) Der Nutzen

Wenn und soweit auf Tagungen die Ergebnisse abgeschlossener Forschungsprojekte präsentiert werden, ist insofern kein Erkenntnisgewinn zu erwarten, den Sie nicht ebenso gut (und schneller) bei der Lektüre des anschließend veröffentlichten

Tagungsbandes haben könnten. Inspirierend mag allenfalls die Zusammenstellung der Vorträge sein, doch auch diese wird im Tagungsband gleichermaßen abgebildet. Die Diskussionen abgeschlossener Forschungsprojekte sind ebenfalls selten ertragreich. Denn der Vortragende hat in seinem Spezialgebiet zumeist ein so umfangreiches und überlegenes Wissen, dass selbst gestandene Wissenschaftler, die sich grundsätzlich in der Materie auskennen, seinen Ausführungen nur sehr selten noch etwas Substantielles hinzufügen können. Fragen bieten der Vortragenden dann meist nur den Anlass, auf Details einzugehen, die sie im Vortrag aus Zeitgründen noch nicht behandeln konnte. Erfahrene Tagungsteilnehmer stellen daher häufig auch keine Fragen, sondern halten ein kleines Koreferat, in dem sie erklären, welches Forschungsprojekt man anstelle des gerade vorgestellten auch hätte bearbeiten können. Da die Zahl denkbarer Forschungsprojekte unendlich ist, ist diese Strategie der Selbstdarstellung stets gleichermaßen möglich wie sinnlos.

Während der eigentliche wissenschaftliche Ertrag einer Tagung sich also regelmäßig in Grenzen hält, können und sollten Sie die Veranstaltung für andere Dinge nutzen. Tagungen haben vor allem eine soziale Funktion.[224] Die Wissenschaftsgemeinschaft trifft und konstituiert sich dort. Gelegentlich gibt es besondere Aufnahmerituale für neue Mitglieder. Fehlt es an solch einem offiziellen Initiationsritus, sollten Sie sich selbst möglichst vielen Personen vorstellen, sich bekannt machen und Kontakte knüpfen. Persönliche Sympathien sollten in der Wissenschaft keine Rolle spielen, aber diese rational unmittelbar einsichtige Forderung wird in der Praxis nicht immer eingehalten. Für sich werben können Sie auch durch Ihren Vortrag. Jeder kann lernen, auf *seine* Art gut vorzutragen. Sie müssen lediglich authentisch auftreten (oder wenigstens so erscheinen), keine Selbstzweifel zeigen und am besten offensichtlich von sich überzeugt sein. Auch hier gilt: Übung macht den Meister. Sie sollten sich also entsprechend gut vorbereiten und Ihren Vortrag einüben! Wenn Sie sich und Ihres Vortrags sicher sind, brauchen Sie sich vor der Tagung nicht zu fürchten. Es kann dann sogar Spaß machen!

---

224 Vgl. insofern auch die Studie von *Hauss*, Der Nutzen wissenschaftlicher Konferenzen in der Nachwuchsausbildung – Theorie und Empirie eines globalen Phänomens, 2018, der zwar manche dieser hier als sozial bezeichnete Funktionen „wissenschaftlich" nennt (u. a. S. 305), da die Teilnehmer die gewonnenen Vorteile regelmäßig für ihre wissenschaftlichen Projekte einsetzen. Auch *Hauss* zeigt indes keinen (messbaren) Nutzen der Vorträge auf solchen Konferenzen und damit des formell als solchen ausgewiesenen Hauptprogramms. Allgemein grundlegend zur Soziologie der Akademiker *Bourdieu*, Homo academicus, 1. Aufl. 1992.

X. Administratives und Betreuung

Um eine Promotion beginnen zu können, müssen Sie zumindest die Erste Juristische Prüfung bestanden haben. Das allgemeine Studium der Rechtswissenschaften haben Sie also erfolgreich absolviert. Aber während Ihre Kommilitonen tatsächlich fertig sind, entschließen Sie sich mit der Promotion zur Fortsetzung Ihrer Studien und bleiben noch eine Weile Studentin oder kehren nach einer Zeit in der Praxis als solcher an die Universität zurück. Das Promotionsstudium ist allerdings an den meisten Universitäten sehr viel weniger strukturiert als das allgemeine Studium bis zur Ersten Juristischen Prüfung. Freilich hat sich hier in den letzten Jahren einiges getan und viele Fakultäten bemühen sich, ihren Doktoranden mehr Hilfe und Unterstützung zu bieten, um so die Abbruchquote zu senken und die Qualität der Dissertationen zu steigern. Vor Beginn Ihrer Promotion sollten Sie sich gut erkundigen, wie das Promotionsstudium an den verschiedenen juristischen Fakultäten in Deutschland ausgestaltet ist. Es gibt dabei keine objektiv beste, sondern nur für Sie subjektiv mehr oder weniger passende Varianten. Sie müssen selbst entscheiden, welche Form des Promotionsstudiums Ihren Bedürfnissen am besten entspricht, und Sie sollten diesem Kriterium großes Gewicht bei der Wahl der Universität beimessen, an der Sie promovieren wollen. Auch im günstigsten Fall wird Ihre Promotion ca. eineinhalb Jahre dauern und Sie sollten nicht leichtfertig mit dieser Lebenszeit umgehen und den Studienort unüberlegt und/oder allein aus Bequemlichkeit wählen.

Voraussetzung für die Verleihung eines „Dr. jur." ist nach allen Promotionsordnungen die Zulassung zur Promotion. Im Detail bestehen hier durchaus Unterschiede, die für Sie interessant sein können. Informieren Sie sich auch hier![225] Allgemein indes gilt, dass Sie zumindest die Erste Juristische Staatsprüfung erfolgreich abgelegt haben müssen. Grundsätzlich muss sich der Erfolg mindestens in der Note „Vollbefriedigend" widerspiegeln, aber es genügt in der Regel auch schon ein „Befriedigend", wenn Sie weitere besondere Leistungen, etwa eine zweite Seminararbeit, nachweisen können.

Gelegentlich nicht zwingend erforderlich, aber immer sehr zu empfehlen ist die Betreuung Ihrer Promotion durch einen Hochschullehrer. Sie sollten sich Ihre Doktormutter oder Ihren Doktorvater sorgfältig aussuchen.[226] Wie die elterlichen

---

225 Einen detaillierten Überblick über die Promotionsmöglichkeiten in Deutschland bietet *Brandt*, Dr. jur., 2018, S. 179 ff.

226 Ausführlich u *Münch/Mankowski*, Promotion, S. 39 ff.; *Stock/Schneider/Peper/Molitor* (Hrsg.), Erfolgreich promovieren, 3. Aufl. 2014, S. 48 ff. (mit Erfahrungsberichten von Betreuern); zum

https://doi.org/10.1515/9783110986419-011

Wortbestandteile richtig andeuten, gehen Sie regelmäßig ein sehr nahes Verhältnis zu diesen akademischen Eltern ein, das große Bedeutung für Ihren weiteren Lebensweg haben wird. Es sollte deshalb eine Geistesverwandtschaft zwischen Ihnen bestehen oder doch wenigstens möglich sein. Was dafür nötig ist, können letztlich nur Sie selbst beurteilen, aber wenn es zwischen Ihnen und Ihrem Betreuer schließlich nicht klappen sollte, tragen Sie mit Ihrer falschen Wahl dafür jedenfalls auch Mitverantwortung. Erkundigen Sie sich deshalb frühzeitig bei anderen Doktoranden und/oder Mitarbeitern des Lehrstuhls, wie die Promotionsbetreuung dort aussieht, wie lange man in der Regel auf ein Gutachten warten muss, welche Unterstützung im Übrigen bei Bewerbungen etc. geboten wird und über alles, was Ihnen sonst noch wichtig ist. Sie werden Ihren Betreuer nicht mehr erziehen können, sondern müssen ihn so nehmen, wie er ist. Daher sollten Sie auch möglichst genau wissen, was Sie erwartet. Glauben Sie allerdings nicht an das Märchen, dass gute Doktoranden keine Betreuung bräuchten und selbständig am besten arbeiten könnten.[227] Diese Behauptung soll nur schlechte Betreuer schützen und eine verbreitete Misere der juristischen Ausbildung überdecken, in der viel zu wenig methodisches Wissen vermittelt wird, so dass meist jeder die notwendigen Kenntnisse selbst erwerben muss.[228] In so einem System sind regelmäßig nur diejenigen erfolgreich, die diese Kenntnisse entweder zufällig schon haben, einen entsprechenden familiären Hintergrund besitzen oder zufällig auf das erforderliche Wissen stoßen. Ein persönlicher Verdienst, auf den man wirklich stolz sein könnte, liegt in allen drei Fällen nicht vor und gut ist man nur im Ergebnis. Wenn Sie im Erfolg weniger vom Zufall abhängig sein wollen, sollten Sie systematisch an Ihrer Bildung arbeiten, sich engagierte akademische Lehrer suchen und nicht zu stolz sein, von fremden Erfahrungen zu profitieren und von der Weisheit der Älteren zu lernen.

Wie die Staatsrechtslehrer richtig festgestellt haben,[229] ist die Betreuung von Doktorandinnen und Doktoranden zeitlich und inhaltlich anspruchsvoll. Da die Betreuung aus nicht nachvollziehbaren Gründen, anders als etwa bei Masterarbeiten, nicht auf das Lehrdeputat angerechnet wird und daher neben alle anderen

---

Finden und Auskommen mit Betreuern einer Promotion allgemein, aber hilfreich *Franck*, Das Promotionshandbuch, 2. Aufl. 2021, S. 155 ff.

227 Siehe insofern auch die einschlägigen Leitsätze 29 ff. guter wissenschaftlicher Praxis der Vereinigung der Deutschen Staatsrechtslehrer e.V., die sich der Betreuung von Qualifikationsarbeiten widmen, abrufbar unter https://www.vdstrl.de/gute-wissenschaftliche-praxis/.

228 Natürlich gibt es auch viele Betreuer, die viel Zeit und Mühe aufwenden, um ihre Doktoranden zu fördern. Ich selbst habe von meinem Doktorvater immer die Unterstützung erhalten, die für mich genau richtig war, und bin dafür sehr dankbar!

229 Vgl. Leitsatz 29 der Leitsätze der Staatsrechtslehrer (Fn. 227).

Pflichten tritt, ist eine seriöse und pflichtgemäße Betreuung von mehr als zehn Promovierenden in der Regel nicht möglich.[230] Sie sollten sich erkundigen, wie viele Promovierende der von Ihnen in Auswahl genommene Doktorvater gerade hat. Sollten es deutlich mehr als zehn sein, ist es sehr wahrscheinlich, dass es keine ordentliche Betreuung geben wird.

Zur Betreuung gehört die Unterstützung bei der Auswahl und Eingrenzung des Promotionsthemas.[231] Es mag zunächst entlastend wirken, wenn Ihr Doktorvater Ihnen ein Thema vorgibt. Sie sollten ein solches vorgebenes Thema aber wenigstens selbständig Ihren Vorstellungen und vor allem den Ergebnissen Ihrer Forschung anpassen und Ihr Doktorvater sollte solch eine Anpassung auch zulassen. Wissenschaft ist die Suche nach neuen Antworten und eine erfolgreiche Suche ist vor allem auf das Stellen der richtigen Fragen angewiesen. Was die richtige Frage ist und welche Mittel man sinnvollerweise nutzt, um die Frage zu beantworten, stellt sich in der Regel aber erst bei der Suche selbst heraus. Es ist daher unwissenschaftlich, sich allzu früh festzulegen und dann stur an einer eigentlich nicht richtig gestellten Frage oder einer unzweckmäßigen Methodik festzuhalten. Sollten Sie an Frage oder Methodik zweifeln, sprechen Sie mit Ihrem Betreuer und erklären Sie ihm Ihre Zweifel. Er sollte sich für Ihre Argumente offen zeigen! Denn die Betreuung umfasst zumindest das Angebot von regelmäßigen Statusbesprechungen, in denen auch der Fortschritt der Dissertation thematisiert werden soll.[232] Gut wäre es, wenn Sie Ihrem Betreuer auch fertige Abschnitte Ihrer Arbeit zur kritischen Durchsicht geben können. Die Autorschaft muss freilich auch in diesem Fall bei Ihnen bleiben[233] und Sie dürfen nicht erwarten, dass Ihr Doktorvater Ihnen die entscheidende Idee schenkt.[234]

Auch wenn Sie der Sache nach als Doktorandin Studentin sind und für die Zulassung zur Promotion die Immatrikulation gefordert wird, besteht doch häufig kein Zwang, sich auch tatsächlich während der Arbeit an der Dissertation einzuschreiben, sondern es genügt vielfach, wenn Sie dies erst bei endgültiger Abgabe tun. Sie sollten dennoch gleich zu Beginn der Promotion den (geringen) administrativen Aufwand der Einschreibung auf sich nehmen, da Sie so zum einen (bes-

---

230 Richtig insofern auch Leitsatz 33 der Leitsätze der Staatsrechtslehrer (Fn. 227).

231 Vgl. Leitsatz 29 der Leitsätze der Staatsrechtslehrer (Fn. 227).

232 Vgl. Leitsatz 30 der Leitsätze der Staatsrechtslehrer (Fn. 227).

233 Vgl. Leitsatz 32 der Leitsätze der Staatsrechtslehrer (Fn. 227).

234 Ebensowenig sollten Sie diese Idee einfach aus dem Werk Ihres Doktorvaters übernehmen. Hinreichend eigenständig ist Ihre wissenschaftliche Leistung nur, wenn Sie tatsächlich einen eigenen Gedanken entwickelt haben. Eine wissenschaftliche Schule sollte sich durch eine gemeinsame Methode und nicht durch die Durchführung einer gemeinsamen, auf das Schuloberhaupt zurückgehenden inhaltlichen Idee auszeichnen.

seren) Zugang zu den universitären Angeboten für Doktoranden erhalten und zum anderen auch sonst von den Vorteilen und Vergünstigungen für Studenten profitieren können.

XI. Finanzierung

Der Mensch lebt nicht vom Brot allein, aber allein von geistiger Nahrung werden Sie auch nicht satt. Während der Dissertationsphase müssen Sie sich finanzieren.[235] Um sich möglichst ganz auf die Dissertation konzentrieren zu können, sollten Sie alle finanziellen Fragen so früh und so vollständig wie möglich klären. Das Abenteuer einer Dissertation ist schon ohne die Sorge um das wirtschaftliche Überleben aufregend genug. Wenn sich die wirtschaftlichen Probleme zurzeit nicht lösen lassen, dann sollten Sie darüber nachdenken, das Promotionsprojekt um ein paar Jahre zu verschieben und in der Zwischenzeit ausreichend Geld zu verdienen, um es dann sorgenfrei durchführen zu können.

Sollten Sie nicht auf die Unterstützung Ihrer Verwandtschaft zurückgreifen können oder wollen, gibt es verschiedene andere Geldquellen für Promotionsstudenten. Sie unterscheiden sich vor allem in dem Grad an Freiheit, den sie Ihnen für die Promotion lassen. Am wenigsten Muße bleibt Ihnen, wenn Sie neben einer normalen Vollzeitstelle in Ihrer übrigen Freizeit promovieren wollen. Solch eine nebenberufliche Promotion erfordert ein hohes Maß an Disziplin und große Frustrationstoleranz. Die Abbruchquote ist bei solchen Promotionen erfahrungsgemäß sehr hoch.

Mehr Zeit zum Promovieren haben Sie, wenn Sie in Teilzeit als wissenschaftlicher Mitarbeiter in einer Kanzlei arbeiten. Solch eine Beschäftigung können Sie zudem nutzen, um praktische Erfahrungen zu sammeln, die für Ihr Dissertationsprojekt hilfreich sein können. Viele Kanzleien bieten diese Möglichkeit an, um auf diese Weise frühzeitig einen Kontakt zu interessanten Nachwuchskräften herzustellen. Ihnen sollte bewusst sein, dass sich hier eher die Kanzleien bei Ihnen bewerben als umgekehrt. Gehen Sie also entsprechend selbstbewusst in die Bewerbungsgespräche und seien Sie auch im laufenden Arbeitsverhältnis weiter selbstbewusst![236]

Wissenschaftlich ertragreicher als die Arbeit in einer Kanzlei sollte in der Regel die Mitarbeit an einem Lehrstuhl oder in einem Forschungsinstitut sein. Die meisten Universitäten haben Leitlinien für die Beschäftigung von wissenschaftli-

---

235 Dazu ausführlich auch v. *Münch/Mankowski*, Promotion, S. 84 ff.

236 Vor allem in größeren Kanzleien herrscht häufig ein Darwinismus, in dem es gnadenlos ausgenutzt wird, wenn sich jemand ausbeuten lässt. Sie sollten sich aber nicht einbilden, dass man sich mit einer solchen Unterwerfung bessere Aufstiegschancen sichern könnte. Das Gegenteil ist der Fall. Denn das für eine Partnerstellung nötige Selbstbewusstsein und eine entsprechende Autorität haben Sie so gerade nicht demonstriert, sondern vielmehr gezeigt, dass Sie (nur) eine brauchbare Hilfskraft sind.

https://doi.org/10.1515/9783110986419-012

chen Mitarbeitern entwickelt, die vorsehen, dass ein bestimmter Mindestanteil der vertraglich vereinbarten Arbeitszeit (meist ein Drittel bis die Hälfte) dem Mitarbeiter für die eigene wissenschaftliche Qualifikation zur Verfügung stehen muss. In der Praxis gibt es freilich große Unterschiede im Verständnis dessen, was die „eigene wissenschaftliche Qualifikation" eines Mitarbeiters fördert. Zudem besteht die Gefahr der Abhängigkeit, wenn Ihr Arbeitgeber zugleich der Betreuer und schließlich auch der Gutachter Ihrer Dissertation sein sollte. Sie sollten sich daher gut über die jeweils üblichen Arbeitsbedingungen informieren, bevor Sie sich an einem Lehrstuhl bewerben. Informationen über die ausgeschriebenen Stellen finden Sie regelmäßig auf den Internetseiten der Universitäten und außeruniversitären Forschungseinrichtungen, insbesondere der Max-Planck-Institute.[237] Hilfreich ist auch das Portal www.academics.de, auf dem Sie viele Stellenangebote im akademischen Bereich finden können.

Ausschließlich der Förderung Ihrer Forschung dienen Stipendien. Es gibt sehr viele höchst unterschiedliche Stipendienprogramme und Sie sollten sich informieren, ob etwas Passendes für Sie dabei ist. Einen Überblick können Sie sich auf verschiedenen Internetplattformen verschaffen wie www.mystipendium.de, www.stzgd.de/stipendiensuche.de oder der Stipendiendatenbank auf www.e-fellows.net. Neben den bekannten großen Begabtenförderungswerken gibt es auch noch zahlreiche kleinere Stiftungen, die Promotionen nach teils sehr speziellen Kriterien fördern. Manche dieser Stipendienprogramme sind kaum bekannt; es gibt dann wenig Mitbewerber und Sie haben gute Chancen, gefördert zu werden, wenn Sie sich nur überhaupt bewerben! Problematisch sind freilich die teils sehr langen Auswahlprozesse. Von der Einreichung aller Unterlagen, deren Vorbereitung ja auch schon einige Zeit kostet, bis zur endgültigen Entscheidung kann es bis zu einem Jahr dauern. Für diese Zeit müssen Sie sich um eine andere Finanzierung kümmern. Unterstützung wenigstens bei der Erstellung eines für die Bewerbung nötigen Exposés bietet vielleicht eine Exposéförderung, wie sie manche Universitäten gewähren. Interessant sind Stipendien in jeder Phase der Promotion. So kommen etwa

---

237 Die Max-Planck-Gesellschaft widmet sich nicht nur der Grundlagenforschung im naturwissenschaftlichen Bereich, sondern betreibt auch eine Reihe von juristischen Instituten zur Erforschung von Kriminalität, Sicherheit und Recht (Freiburg, csl.mpg.de/de), für ausländisches und internationales Privatrecht (Hamburg, www.mpipriv.de), für ausländisches öffentliches Recht und Völkerrecht (Heidelberg, www.mpil.de), für Steuerrecht und öffentliche Finanzen (München, www.tax.mpg.de), für Innovation und Wettbewerb (München, Abteilung Immaterialgüter- und Wettbewerbsrecht, www.ip.mpg.de), für Sozialrecht und Sozialpolitik (München, www.mpisoc.mpg.de), für europäische Rechtsgeschichte (Frankfurt, www.rg.mpg.de), für International, European and Regulatory [sic!] Procedural Law (Luxemburg, www.mpi.lu); und zur Erforschung von Gemeinschaftsgütern (Bonn, Abteilung Recht, www.coll.mpg.de).

nach der Disputation in der Regel noch die recht hohen Kosten der Veröffentlichung auf Sie zu.[238] Hier sollten Sie sich unbedingt um einen Druckkostenzuschuss bemühen![239]

---

238 Dazu noch näher unten, VIII.5.

239 Hilfreiche Aufstellungen der Fördermöglichkeiten finden sich beispielsweise auf den Seiten der Graduiertenakademie der Universität Hannover (https://www.graduiertenakademie.uni-hannover.de/de/foerderung/druckkostenzuschuesse, zuletzt abgerufen am 01.05.2023) und der Universität Duisburg/Essen (https://www.uni-due.de/ssc/fofoer/foerderbedarf_druckkosten.php, zuletzt abgerufen am 01.05.2023) sowie einem Infoblatt „Druckkostenzuschuss" der Universität Hamburg (https://www.uni-hamburg.de/fid/infoblatt-druckkostenzuschuss.pdf; zuletzt abgerufen am 01.05.2023).

XII. Krisenbewältigung

Dieser Leitfaden soll Ihnen beim Erstellen Ihrer Doktorarbeit helfen und dafür sorgen, dass Sie die Promotionszeit genießen. Trotz aller guten, oder doch wenigstens gutgemeinten Ratschläge werden Sie aber mit ziemlicher Sicherheit auch Phasen der Mutlosigkeit, Frustration oder Verzweiflung erleben. Das lässt sich leider kaum vermeiden und es hilft auch nur bedingt, wenn man weiß, dass es allen anderen vor einem nicht viel anders ging. Es ist auch nicht tröstlich, wenn man sieht, dass Kollegen ähnliche Probleme haben. *Sie* fühlen sich schlecht und Gefühle lassen sich nicht wegdiskutieren. Wenn Sie also gerade eine schwierige Zeit durchmachen, dann ist das erst einmal so und es tut mir wirklich leid, zumal es mir selber manchmal auch so ging und ein Sinn dieses Buches eigentlich ist, dass Sie es besser haben. Ein wenig Mut gibt vielleicht der Silberstreif Hoffnung am Horizont und die Erfahrung, dass nach Regen eigentlich immer wieder Sonnenschein kommt und alle Tränen trocknet. Um die Wartezeit zu verkürzen und die Krise zu bewältigen, lohnt es sich, die Ursachen des Übels zu analysieren. Manche Probleme lassen sich lösen und manche dunkle Wolke lässt sich vertreiben.

1. Die Doktorarbeit als Krise

Nach dem Grimmschen Wörterbuch bezeichnet das Wort Krise „die entscheidung in einem zustande, in dem altes und neues [...] mit einander streiten". Genau darum geht es bei einer Doktorarbeit: Ihr Neues streitet mit dem Alten, das Sie weiterführen wollen und sollen.[240] Sie müssen dauernd entscheiden, was am Alten zu verwerfen und durch Ihre neuen besseren Ideen zu ersetzen ist. In diesem Sinne ist die Arbeit an Ihrer Dissertation eine einzige große Krise und es ist kein Wunder, dass Sie diese Situation und der fortwährende Zwang zur Entscheidung gelegentlich belasten.

Auch wenn sich die ganze Doktorarbeit als eine Krise beschreiben lässt, so kann man doch in jeder Phase unterschiedliche Probleme identifizieren.[241] Ganz am Anfang steht die Qual der Themenwahl, die viele schlaflose Nächte bereiten kann. Der Abschnitt „Themenfindung" soll Ihnen bei der Suche nach geeigneten Themen helfen und die Wahl vorbereiten.[242] Nehmen Sie sich dafür ausreichend

---

240 Dazu ausführlich oben, II.3.
241 Siehe auch *Fiedler/Hebecker*, Promotionskrisen und ihre Bewältigung, in: Günauer u. a. (Hrsg.), Promovieren mit Perspektive, 2. Aufl. 2012, S. 257 ff.
242 Oben, V.

https://doi.org/10.1515/9783110986419-013

Zeit. Machen Sie sich zunächst gut mit Ihrem Forschungsgegenstand vertraut, bevor Sie eine konkrete Forschungsfrage als Ihr Thema entwickeln, das Sie dann tatsächlich im Rahmen Ihrer Dissertation bearbeiten wollen. Sie sollten dem Prozess der Themenfindung ruhig ein paar Monate oder auch ein Jahr geben.[243] Denn mit Ihrem Thema müssen Sie fortan leben und Sie sollten es wirklich gernhaben, vielleicht sogar lieben! Ewig sollten Sie aber nicht mit der Entscheidung warten. Wenn Sie sich für eine gewisse Zeit konzentriert mit der Themenfindung beschäftigt haben, dann werden Sie sicher eine oder mehrere Forschungsfragen gefunden haben, die man gut bearbeiten kann. Wenn Sie sich nun nicht entscheiden können, weil alle Fragen gleich gut erscheinen, dann trügt Ihr Eindruck wahrscheinlich nicht und eben das macht die Wahl so qualvoll: Es sind tatsächlich alle Fragen mehr oder weniger gleich gut. Dieser Umstand minimiert aber auch die möglichen schlechten Konsequenzen Ihrer anstehenden Wahl. Denn keine Wahl unter Ihren guten Fragen ist falsch. Eigentlich könnte man alle mit gleichem großen Erfolg bearbeiten. Es kommt deshalb letztlich nur noch darauf an, sich für eine Forschungsfrage zu entscheiden und danach diese Entscheidung nicht mehr anzuzweifeln, sondern das Beste aus ihr zu machen. Freilich kann Ihnen Ihr Thema auch später noch Sorgen bereiten. Es ist normal und auch wichtig, während der Bearbeitung Anpassungen am Thema vorzunehmen und die Forschungsfrage zu präzisieren oder zu modifizieren. Denn Ihr Wissen und Ihr Verständnis um die Materie wächst mit der Zeit und Sie werden immer besser überblicken, wo genau der größte Erkenntnisfortschritt zu erwarten ist. Seien Sie daher auch nicht zu vorsichtig im Umgang mit Ihrem Thema und wagen Sie Veränderungen, wenn es anfängt, Sie zu sehr zu piesacken! Anders als Ihr Partner im normalen Leben wird Ihr Thema für solche Operationen sogar dankbar sein und sich gerne in neuer Gestalt noch besser präsentieren.

Nach der Themenwahl beginnt die eigentliche Forschungsarbeit, bei der es viele verschiedene Anlässe für Mutlosigkeit und Verzweiflung geben kann. Schon bei der Materialsichtung droht man häufig in der Flut an Literatur und Quellen zu ertrinken, und die Berge an Entscheidungen können einen schnell erdrücken. Hier sollte Ihnen der Abschnitt zur Forschungsarbeit Unterstützung bieten.[244] Auch wenn Sie die Ratschläge dort beachten, kann es aber immer wieder vorkommen, dass Sie sich durch die schiere Menge an Material überfordert fühlen. Da Sie zum ersten Mal ein so großes Projekt angehen und es möglichst gut machen wollen,

---

243 Lassen Sie sich nicht von Kollegen einschüchtern, die behaupten, man müsse in vier Wochen ein Thema finden, die wichtigste Literatur sichten und ein Exposé erstellen. Wer so etwas fordert, stiftet eigentlich zu wissenschaftlichem Fehlverhalten an. Sie sollten höflich auf die einschlägigen Richtlinien der Zivil- und Öffentlichrechtler verweisen und sich einen anderen Betreuer suchen.
244 Oben, VIII.

werden Sie notwendigerweise an Ihre Grenzen stoßen. Es ist immer schmerzhaft, wenn man irgendwo gegen rummst. Aber solche Schmerzen gehören doch für die meisten von uns zum Lernprozess. Indem Sie Ihre Grenzen entdecken, lernen Sie sich selbst besser kennen. Sie sollten keine Angst davor haben, sondern neugierig auf sich sein und Ihre Stärken und Schwächen als Teil von Ihnen akzeptieren. Das fällt vielleicht leichter, wenn Sie bedenken, dass Ihre Grenzen nicht unbedingt fest fixiert sind und mit Übung und Erfahrung hinausgeschoben werden können. Viele Dinge und manche Methode werden für Sie am Anfang ganz neu sein. Was zu Beginn sehr schwierig erscheint, das wird Ihnen später leichtfallen. Es braucht nur ein wenig Zeit und Übung. Nehmen Sie die Mühe nicht als Mühsal wahr und freuen Sie sich über jeden Fortschritt, der meist viel größer ist, als Sie denken!

Am schwierigsten und nervenaufreibendsten ist wohl meistens die Schreibarbeit.[245] Die Dissertation soll Ihr erstes Buch werden mit vielen, vielen Seiten zwischen den beiden Deckeln. Alle diese Seiten wollen mit Inhalt gefüllt werden und manchmal fühlt es sich so an, als müssten Sie jede einzelne von ihnen aus sich herausreißen. Schon die erste Seite lacht einen mit ihrem kalten Weiß höhnisch aus, und selbst wenn man ihr dies Lachen ausgetrieben und einen Anfang gefunden hat, gibt es bis zum Schlusspunkt noch viele solcher leeren ersten Seiten, die Sie immer wieder demütigen wollen. Im Abschnitt zum Schreibprozess gibt es eine Reihe von Regeln, bei deren Einhaltung das Schreiben vielleicht viel an Zauberei verliert, sich dafür als Handwerk aber sehr viel besser beherrschen lässt.[246] Dennoch kann der Berg an Arbeit, der vor Ihnen liegt, auch den tüchtigsten Handwerker zaghaft werden lassen. Es gibt so viel zu tun; wie sollen Sie alleine mit Ihrer kleinen Kraft das alles schaffen? Bei der Antwort auf diese Frage gibt es ein paar Dinge zu bedenken. Erstens unterschätzen Sie wahrscheinlich Ihre Kraft. Sie haben schon einiges erreicht in Ihrem Leben, sonst stünden Sie nicht da, wo Sie stehen, nämlich vor Ihrer Doktorarbeit. Sie erfüllen die Voraussetzungen zur Zulassung nach der Promotionsordnung und besitzen daher die Fähigkeiten, die nach Ansicht vieler erfahrener Hochschullehrer im Regelfall völlig ausreichen, um eine gute Dissertation zu verfertigen. Vertrauen Sie dem Urteil dieser erfahrenen Leute mehr als Ihren Selbstzweifeln! Zweitens braucht es vermutlich viel weniger Kraft als Sie denken. Sie müssen nicht den ganzen Berg auf einmal bewegen; Ihre Aufgabe ist viel kleiner und kann zudem in vielen einzelnen Arbeitsschritten erledigt werden. Drittens ist es sinnlos, sich mit den Fähigkeiten zu beschäftigen, die man nicht hat, und sie anderen zu neiden.

---

245 Für Hilfen bei Schreibblockaden siehe auch *Pyerin*, Kreatives wissenschaftliches Schreiben, 5. Aufl. 2019; *Beyerbach*, Die juristische Doktorarbeit, Rn. 283 ff. (S. 132 ff.).
246 Oben, VIII.3.

Kein Mensch kann auch nur halb so schnell laufen wie ein Gepard. Verglichen mit seiner Geschwindigkeit müsste selbst ein Usain Bolt in Depressionen versinken. Trotzdem kann Laufen viel Spaß machen, auch wenn man wie ich die hundert Meter wahrscheinlich nur in sagenhaften 25 Sekunden schafft und an guten Tagen vielleicht die 20-Sekundenmarke unterbietet. Wir alle sind nur so schnell, wie wir sind, nicht schneller, aber auch nicht langsamer. Sie werden bei Ihrer Doktorarbeit Ihre Geschwindigkeit und Ihre Fähigkeiten besser kennenlernen. Der einzige richtige Maßstab für Sie sind Sie selbst. Alles zusammengenommen kann niemand außer Ihnen die Dinge so, wie Sie es können. Sie sind unter gut sieben Milliarden weltweit einzigartig und die Beste Ihrer Art. Sie müssen nur lernen, das Beste aus genau Ihren Fähigkeiten zu machen. Denn dann werden Sie auch die beste Leistung erbringen, die Ihnen möglich ist, und mehr kann niemand verlangen; auch Sie selbst sollten das nicht!

Wenn Ihnen Ihre Aufgabe immer noch viel zu groß vorkommt, dann sollten Sie schließlich viertens noch einmal an das Geheimnis denken, das der Straßenkehrer Beppo Momo im gleichnamigen Buch von Michael Ende verraten hat. „Manchmal," sagt Beppo, „hat man eine sehr lange Straße vor sich. Man denkt, die ist so schrecklich lang; das kann man niemals schaffen, denkt man. [...] Und dann fängt man an, sich zu eilen. Und man eilt sich immer mehr. Jedes Mal, wenn man aufblickt, sieht man, dass es gar nicht weniger wird, was noch vor einem liegt. Und man strengt sich noch mehr an, man kriegt es mit der Angst, und zum Schluss ist man ganz außer Puste und kann nicht mehr. Und die Straße liegt immer noch vor einem. So darf man es nicht machen. [...] Man darf nie an die ganze Straße auf einmal denken, verstehst du? Man muss immer nur an den nächsten Schritt denken, an den nächsten Atemzug, an den nächsten Besenstrich. Und immer wieder nur an den nächsten. [...] Dann macht es Freude; das ist wichtig, dann macht man seine Sache gut. Und so soll es sein."[247] Denken auch Sie nur an den nächsten Absatz; maximal an die nächste Seite. So kommen Sie voran und irgendwann werden Sie merken, dass ein ganzes Buch entstanden ist.

Freilich ist Schreiben etwas Anderes als Straßenkehren. Nicht jedes Wort setzt sich so gleich- und regelmäßig wie ein Besenstrich. Jeder Satz will neu gedacht und von Neuem geformt werden. Man weiß nie, wohin einen die Gedanken als nächstes führen und ob man dort überhaupt richtig ist. Ganz lässt sich diese Unsicherheit nicht verhindern, aber auch hier mögen ein paar Überlegungen etwas beruhigen. Erstens garantiert Ihnen Ihre Methodik, dass Sie sich in die richtige Richtung bewegen. Methodik bedeutet nämlich soviel wie planvolles

---

247 Michael Ende, Momo, 1973, S. 36 f.

Zugehen auf ein Ziel[248] und mit Ihrer Methodik werden Sie zum Erkenntnisziel Ihrer Dissertation gelangen. Dies gilt jedenfalls dann, wenn Sie eine für Ihr Erkenntnisziel angemessene, d. h. zielführende Methode ausgesucht haben. Deshalb ist es so wichtig, zu Beginn das Erkenntnisziel möglichst genau zu bestimmen und Sorgfalt bei der Methodenwahl aufzuwenden. Näheres dazu findet sich in den Abschnitten zur Themenfindung[249] und zur Methode[250]. Zweitens soll Ihnen Ihre (vorläufige) Gliederung Orientierung geben. Die Gliederung dient der Ordnung und Struktur Ihrer Arbeit. Zu Beginn können Sie natürlich noch nicht das ganze weite Forschungsfeld überblicken, das Sie beackern wollen. Ihre Gliederung ist daher anfangs eher eine hypothetische Landkarte, die Ihre Vorstellung davon wiedergibt, was Sie zu vorzufinden vermuten. Daher müssen Sie Ihre Gliederung immer mit den Entdeckungen abgleichen, die Sie beim Fortschreiten der Arbeit machen, und die Gliederung gegebenenfalls korrigieren.[251] Trotz dieses Korrekturbedarfs wird Ihnen eine fortlaufend aktualisierte und Ihren Erkenntnissen angepasste Gliederung eine gewisse Sicherheit geben. Mehr als diese Sicherheit brauchen Sie schließlich auch gar nicht, denn drittens ist und bleibt das Promovieren ein (gar nicht so) kleines Abenteuer. Abenteuer sind aufregend und lustig, gelegentlich aber auch furchterregend und die meisten von uns haben manchmal Angst. Ängste kann man nur schwer alleine vertreiben. Am besten suchen Sie sich deshalb in so einer Situation jemanden, dem Sie sich anvertrauen und mit dem Sie über Ihre Nöte sprechen können. Das mag Ihr Partner, ihre Doktormutter, ein Freund oder Ihre Familie sein. Ihre Umgebung sollte und wird bestimmt Verständnis für Sie haben. Glauben Sie nicht, dass Sie Stärke und Mut beweisen müssten. Gerade wenn Sie sonst immer stark erscheinen sollten, wird man umso mehr zur Hilfe bereit sein, wenn nun sogar Sie einmal darum bitten!

Trotz Methodik, Gliederung und Abenteuerlust kann es passieren, dass Sie auf einmal in einer Sackgasse stehen und einfach nicht weiterkommen. Wenn Sie nicht weiterwissen, kann das viele Ursachen haben. Es ist möglich, dass Sie gar nicht in einer Sackgasse stecken, sondern sich vor einer Weggabelung befinden und es mehrere Möglichkeiten gibt weiterzugehen. Prüfen Sie daher stets, ob Ihre Unsicherheit auf einem Zuviel oder einem Zuwenig an Möglichkeiten beruht. Nicht selten ist ersteres der Fall und aller Zweifel über die nächsten Schritte verfliegt, wenn Sie erst einmal sorgfältig Ihre Möglichkeiten sondiert haben. Finden Sie trotz aller Erkundungsversuche keinen festen Grund mehr, gibt es zwei allgemein emp-

---

248 Oben, S. 37, und ausführlich *Martens*, Methodenlehre des Unionsrechts, S. 9 ff.
249 Oben, V.
250 Oben, VI.
251 Ähnlich auch *Möllers*, Juristische Arbeitstechnik, § 9 Rn. 37 (S. 214). Zur Strukturierung und zum Erstellen einer Gliederung näher oben, VIII.3.d).

fehlenswerte Strategien: Sie können erstens etwas abwarten, ob sich nicht alles von selbst aufklärt, und die Zwischenzeit für andere Dinge nutzen: Zur Überarbeitung der bisherigen Teile; für einen kleinen Aufsatz zu einem Thema, das als Exkurs in Ihrer Arbeit sowieso nicht richtig passen würde; oder auch mal für einen Kurzurlaub. Während Sie sich so um andere Dinge kümmern, wird Ihr Hirn sich weiter um einen Ausweg aus Ihrer schwierigen Lage Gedanken machen. So etwas dauert manchmal, aber Sie werden erstaunt sein, an welchen Orten und zu welchen Zeiten Sie auf einmal die besten Ideen von Ihrem Hirn geschenkt bekommen. Sie brauchen sich aber nicht nur auf sich selbst zu verlassen, sondern können und sollten zweitens das Gespräch mit anderen suchen. Schildern Sie ihnen die Schwierigkeiten, vor denen Sie stehen. Indem man Dinge in Worte fasst und erklärt, wird häufig manches zum ersten Mal wirklich klar; am meisten lernt man daher selbst beim Erklären.[252]

Eine letzte Krise kann es vor der Abgabe geben.[253] Sie stehen dann nämlich wieder vor einer Entscheidung zwischen zwei Möglichkeiten: Weitermachen oder Aufhören. Für ein Weitermachen sprechen einige Gründe: Perfekt ist Ihr Text noch nicht; es gibt vielleicht neue Literatur oder eine neue Entscheidung, die Sie noch nicht verarbeitet haben; die bahnbrechende These fehlt bislang; und last but not least haben Sie solange promoviert und sich so in Ihrem Doktorandendasein eingerichtet, dass es schwerfällt, diesen Lebensabschnitt nun zu beenden. Sie sollten indes bedenken, dass die Dissertation eine Qualifikationsschrift ist, mit der Sie sich qualifizieren sollen für neue, höhere Aufgaben. Die Arbeit an diesem, Ihrem ersten Buch ist nur als Übergangsphase gedacht. Sie sollten das Handwerkszeug der gewählten Methodik und des Schreibens erlernen und demonstrieren, dass Sie zu solider wissenschaftlicher Arbeit befähigt sind. Wenn Ihre Dissertation als Nachweis dafür genügt, dann erfüllt sie ihren Zweck, und Sie sollten Ihr Werk stolz zur Begutachtung einreichen. In den Rechtswissenschaften gibt es keine endgültigen, sondern nur durch die jeweiligen kontingenten Umstände bedingte Erkenntnisse. Man kann und muss daher den Zeitpunkt willkürlich bestimmen, für den die Arbeit gültige Aussagen treffen soll und bis zu dem die historischen Veränderungen der Rechtslage und der wissenschaftlichen Diskussion berücksichtigt werden. Ein Richtig oder Falsch gibt es hier nicht; es braucht letztlich nur Ihren Mut, um den Schlusspunkt zu setzen![254]

---

252 Noch einmal: u *Kleist*, Über die allmähliche Verfertigung der Gedanken beim Reden, ca. 1805/06.
253 Zur Abschlusskrise *Fiedler/Hebecker*, Promotionskrisen und ihre Bewältigung, in: Günauer u. a. (Hrsg.), Promovieren mit Perspektive, 2. Aufl. 2012, S. 257, 262.
254 Dazu noch ausführlich unten, XIII.

2. Ursachen von Schwierigkeiten

Ob eine Doktorarbeit Probleme aufwirft, kann ein objektiver Dritter feststellen; ob sie Ihnen Schwierigkeiten bereitet, können nur Sie selber sagen. Denn schwierig ist etwas immer nur für eine bestimmte Person. Es kommt deshalb allein darauf an, ob *Sie* Schwierigkeiten mit Ihrer Doktorarbeit haben und welche Schwierigkeiten das sind. Eine abschließende Liste aller möglichen Schwierigkeiten lässt sich wohl kaum erstellen, aber auf die wichtigsten und nach meiner Erfahrung häufigsten soll im Folgenden eingegangen werden.

Wohl fast jeder hat beim Schreiben früher oder später das Gefühl, zu langsam zu sein. Man hat, schon wieder, zu wenige Zeilen zu Papier gebracht, man hat einen vereinbarten Abgabetermin nicht eingehalten, man hat ein selbstgesetztes Pensum nicht geschafft: Wenn man so weitermacht, wird man nie fertig… Aber Ruhe: Erstens ist Geschwindigkeit relativ, und zweitens kommen Sie voran, solange Sie sich bewegen. Wichtig ist also vor allem, dass Sie in Bewegung bleiben, d. h. dass Sie überhaupt etwas schreiben, mit dem Sie weiterarbeiten können. Eine Anleitung bietet hier der Abschnitt zum Schreibprozess.[255] Solange Sie (kleine) Fortschritte machen, werden Sie Ihr Ziel erreichen.[256] Die Geschwindigkeit Ihres Schreibens sollten Sie zudem ausschließlich relativ zu Ihren Möglichkeiten messen. Wenn Sie konzentriert arbeiten so gut *Sie* können, dann nutzen Sie *Ihr* Potential und mehr ist nicht möglich. Schneller werden Sie nur durch Übung im Laufe der Zeit, oder indem Sie Ablenkungen reduzieren und so Ihre Konzentration erhöhen. Erwarten Sie insofern aber auch keine Wunderdinge von sich selbst. Die wenigsten können stundenlang auf einen Bildschirm starren und trotzdem kreativ sein. Beobachten Sie sich daher selbst unter realistischen Arbeitsbedingungen und stellen Sie fest, welche Textmenge Sie so durchschnittlich produzieren können. Sie sollten sich diese Menge als jeweiliges Wochenziel setzen. Am Freitagabend sollten Sie sich belohnen, wenn Sie Ihr Ziel erreichen konnten, und nicht allzu enttäuscht sein, wenn Sie es knapp verfehlt haben sollten. Grund zur Beunruhigung gibt es erst, wenn Sie über Wochen nicht vorankommen; dann stecken Sie womöglich in einer Sackgasse und sollten vielleicht die entsprechenden Hinweise im letzten Abschnitt lesen.

Bremsen wird Sie beim Schreiben häufig der Eindruck, dass Ihr Text noch nicht gut genug ist und der letzte Absatz besser sein müsste, bevor Sie weiter voranschreiten dürften. Nun ist Schreiben ein Handwerk und jeder Satz benötigt einige Überarbeitung und ein wenig Glanzpolitur, bis Sie ihn als fertiges Werk zur Ab-

---

255 Oben, VIII.3.
256 Vgl. dazu die Geschichte von Beppo, dem Straßenkehrer, oben, S. 114.

nahme präsentieren können.[257] Aber die nötige Fähigkeit zur Selbstkritik darf nicht in übertriebenen Perfektionismus ausarten. Einen perfekten Text, in dem alles stimmt, kann niemand schreiben, schon allein deshalb nicht, weil man sich beim Schreiben vor eine Vielzahl von miteinander unvereinbaren Anforderungen gestellt sieht und daher stets (suboptimale) Kompromisse eingehen muss.[258] Ab einem bestimmten Punkt kann Ihr Text nicht mehr besser, sondern nur noch anders werden, weil jede Verbesserung in einer Hinsicht zu einer Verschlechterung in einer anderen führt. In der Regel sollte man aber selbst diesen Gleichgewichtspunkt nicht zu erreichen versuchen und zufrieden sein, wenn der Text keine groben Mängel mehr enthält und seinen Inhalt ordentlich an den Leser vermittelt. Ob letzteres der Fall ist, probieren Sie am besten regelmäßig aus, indem Sie Ihre Produktion anderen zum Lesen geben. Solches Feedback von anderen Lesern hilft, sowohl die Qualitäten als auch die Unzulänglichkeiten des eigenen Texts realistisch einschätzen zu können, und bewahrt vor unmäßiger Selbstkritik. Jedenfalls sollten Sie nicht monatelang einsam über Ihrem Text brüten; Sie riskieren, dass nie etwas schlüpft!

Die Vorstellung, nicht gut genug zu sein, liegt nicht selten darin begründet, dass Sie sich mit anderen vergleichen, bzw. Ihren Text mit denen anderer. Ein solcher Vergleich kann freilich leicht zu Fehleinschätzungen der eigenen Qualität führen. Erstens werden Sie meistens die Texte von Autoren mit viel mehr Erfahrung und Routine lesen. Es erwartet aber niemand von Ihnen, dass Sie als junger Doktorand so gut schreiben wie eine renommierte Professorin mit der Erfahrung von mehreren Jahrzehnten. Zweitens überschätzt man leicht die Qualität fremder Texte beim ersten Lesen. Ein geübter Autor kann manche Schwäche mit ein wenig Rhetorik einfach überdecken und Sie erkennen dann geblendet nicht mehr die Mängel, die Ihnen am eigenen Text nach unzähligen Lektüren so unerbittlich ins Auge springen. Es ist nichts dagegen zu sagen, wenn Sie sich einen großen Autor als Ideal zum Vorbild nehmen. Aber geben Sie sich (vorerst) dennoch zufrieden, wenn Sie eine solide Leistung erbracht haben, wie sie auch sonst bei Dissertationen üblich ist. Halten Sie gewissenhaft die allgemeinen Standards guter wissenschaftlicher Praxis ein und orientieren Sie sich im Übrigen hinsichtlich der inhaltlichen Qualität an den (Unmengen an) Doktorarbeiten, die Sie bei Ihrer eigenen Arbeit lesen müssen.

Einschüchternd und mutlos kann auch die Flut an Quellen machen, in der man zu ertrinken droht. Zu Beginn weiß man nicht, wo man mit der Lektüre anfangen soll, und je mehr man gelesen hat, desto mehr Quellen tun sich auf und desto unwissender kommt man sich vor. Bei der Sichtung des Forschungsstan-

---

257 Dazu ausführlich oben, VIII.3.c).

258 So liest sich ein lockerer Text mit einprägsamen Bildern besser, aber ein knapper Text mit einer klaren und streng eingehaltenen Begrifflichkeit ist präziser. Sie müssen daher die für Ihre Zwecke richtige Mischung aus Belletristik und Packungsbeilage finden.

des[259] und der Sammlung des Materials[260] sollen Ihnen die entsprechenden Abschnitte im Kapitel zur Forschungsarbeit helfen. Grundsätzlich gilt, dass Sie (nur) die Primärquellen alle lesen müssen, während Sie bei den Sekundärquellen meist eine Auswahl treffen müssen, und dass es ein Ziel der Promotion ist, dass Sie die wichtige Fähigkeit erwerben, wesentliche wissenschaftliche Beiträge von unwesentlichen Äußerungen unterscheiden zu können. Denn selbst in hochspezialisierten Fachgebieten gibt es heute regelmäßig so viele Veröffentlichungen, dass niemand mehr alles zu einem Thema lesen könnte. Das bedeutet aber auch, dass niemand wirklich alles weiß. Auch Sie müssen daher lernen, mit Ihren begrenzten Erkenntnisfähigkeiten zu leben. Sie sollten sich allerdings bewusst sein, dass Sie notwendigerweise während Ihrer Doktorarbeit zur Spezialistin für Ihr Thema werden und dass sich dort bald kaum jemand mehr so gut auskennen wird wie Sie. Selbst Ihr Doktorvater wird allenfalls noch einen besseren Überblick über das *Umfeld* Ihres Themas haben und insofern sollten Sie sein Wissen nutzen. *In* Ihrem Gebiet ist Ihr Wissen höchstwahrscheinlich aber auch dem Ihres Doktorvaters bald überlegen, selbst wenn es Ihnen noch so unzulänglich vorkommt. Seien Sie daher stolz auf dieses erworbene Wissen und freuen Sie sich über Ihre weiteren Fortschritte!

Paradoxerweise kann eine Doktorarbeit auch gewissermaßen daran scheitern, dass es mit ihr selbst keine Schwierigkeiten gibt.[261] Viele Doktoranden beginnen voller Idealismus, Elan und guter Ideen. Im Alltag erleben sie dann aber nicht selten eine akademische Welt, die von Bürokratie, industrieller Massenproduktion und Banalitäten geprägt ist.[262] Eine solche desillusionierende Konfrontation mit der Wirklichkeit kann (und sollte) jeden deprimieren; jedoch nur ein wenig! Die Welt der Wissenschaft strebt nach Idealen, verfehlt sie aber regelmäßig so wie alle anderen auch. Im Großen und Ganzen ist nach meiner Erfahrung an der Universität nichts wesentlich besser als anderswo, aber auch, und das ist wichtig: nichts wesentlich schlechter. Professoren sind Menschen, alle anderen Beschäftigten an der Universität ebenfalls und man sollte nicht sagen, dass sie „nur" Menschen seien. Zumindest das Grundgesetz setzt den Menschen und seine Würde an die oberste Stelle und es spricht einiges dafür, dass dies eine weise Entscheidung ist. Menschen sind aber fehlbar und haben das Recht, Fehler

---

259 Oben, VIII.1.
260 Oben, VIII.2.
261 Zum Folgenden vgl. die Studie von *Franz*, Symbolischer Tod im wissenschaftlichen Feld. Eine Grounded-Theory-Studie zu Abbrüchen von Promotionsvorhaben in Deutschland, 2018; siehe auch *dies.*, DUZ 08/2014 vom 25.7.2014 (https://www.duz.de/beitrag/!/id/263/eliteduenkel-und-ellenbogen#! #sthash.5nu1ZdyZ.dpuf).
262 Näher *Bourdieu*, Homo academicus, 1992.

zu machen. Regen Sie sich daher nicht zu sehr über die Unzulänglichkeiten des akademischen Betriebs auf, die Sie sicher im Laufe Ihrer Doktorarbeit nach und nach entdecken. Versuchen Sie stattdessen, soweit möglich auf Verbesserungen hinzudringen und selbst Ihren eigenen Idealen möglichst zu entsprechen. So leisten Sie Ihren Beitrag zu einer besseren Welt und können stolz auf sich sein!

Natürlich kann es aber auch vorkommen, dass die Bedingungen Ihres akademischen Umfelds tatsächlich unerträglich sind. Sie sollten dann kein sinnloses Märtyrertum anstreben, sondern ein Ende mit Schrecken dem Schrecken ohne Ende vorziehen. Vielleicht können Sie Ihr Dissertationsprojekt ja an einem anderen Ort fortsetzen? Es stimmt zwar, dass der Wechsel des Betreuers in der Regel nicht einfach ist, da Professoren ganz überwiegend Platzhirsche sind und die jeweiligen Reviergrenzen der anderen respektieren. Wenige werden daher die gescheiterten Doktoranden eines Kollegen übernehmen.[263] Gleichwohl ist ein Wechsel nur schwierig, aber nicht ausgeschlossen. Sollte das Verhältnis zwischen Ihnen und Ihrem Doktorvater nachhaltig gestört sein, wenden Sie sich jedoch am besten zunächst an die zuständige Ombudsperson an Ihrer Universität. Professoren sind keine unfehlbare und verantwortungslose Götter, sondern rechenschaftspflichtige Beamte mit klaren Dienstpflichten. Sie müssen die Regeln guter wissenschaftlicher Praxis einhalten, zu denen auch klare Vorgaben für die ordnungsgemäße Betreuung von Promotionen zählen. Wenn Ihr Betreuer diese Vorgaben nicht beachtet, haben Sie das Recht auf Beistand und die zuständige Ombudsperson wird Ihnen bestimmt diesen Beistand leisten. Denn Machtmissbrauch in Betreuungsverhältnissen kommt leider immer noch viel zu häufig vor. Die Sensibilität dafür ist aber in jüngerer Zeit gewachsen und diejenigen, die für die Einhaltung der Regeln guter wissenschaftlicher Praxis zuständig sind, haben vielfach ein besonderes Verständnis für die Nöte der Betroffenen. Trauen Sie sich also, diese Personen zu kontaktieren!

Es gibt schließlich ein Leben neben der Promotion und ebenso, wie sich die Schwierigkeiten beim Dissertieren auf Ihre allgemeine Stimmungslage auswirken, so können auch allgemeine Probleme Sie bei Ihrer Doktorarbeit behindern. Eine strikte Trennung zwischen Arbeit und Leben ist bei einem so großen Projekt kaum möglich. Manchem mag es helfen, über eine persönliche Krise hinwegzukommen, indem er sich in die Arbeit stürzt. Andere verlieren jeden Antrieb, wenn das Leben seinen Sinn verliert. Es gibt unzählige Gründe für persönliche Krisen und jeder reagiert anders in ihnen. Sollten Sie in eine solche Krise geraten, dann denken Sie am besten erst einmal an sich selbst und nicht an die Doktorarbeit, die Sie im Zweifel später immer noch fertigstellen können. Geben Sie sich

---

263 So auch die Einschätzung von *Beyerbach*, Die juristische Doktorarbeit, Rn. 609 (S. 260).

Zeit und nehmen Sie, gegebenenfalls professionelle, Hilfe in Anspruch. Vergessen Sie nie, dass Ihre Dissertation keinen Selbstzweck hat, sondern nur Ihnen und Ihrer Bildung dienen soll. Wichtig sind am Ende nur Sie selbst!

XIII. Abgabe, Begutachtung und mündliche Prüfung

Alles hat ein Ende zu haben. Auch Ihre Dissertation soll und muss einmal fertig werden.[264] Der Zauber des Endes ist so banal wie der Anfangszauber: Während Sie begonnen haben, indem Sie einfach anfingen zu schreiben, schließen Sie, indem Sie einfach damit aufhören. Ganz so leicht ist es natürlich trotzdem nicht, da Sie an der richtigen Stelle aufhören müssen. Ob Sie an dieser richtigen Stelle angekommen sind, können aber nur Sie selbst entscheiden und es ist sicher keine leichte Entscheidung. Ein paar Dinge sollten Sie sich dabei freilich bewusstmachen: Erstens hat noch niemand einen perfekten Text geschrieben. Sie müssen nicht der Erste sein. Es genügt, wenn Sie Ihre selbstgewählte Aufgabe ordentlich erfüllt und das Programm Ihres Exposés abgearbeitet haben. Zweitens lassen sich juristische Aussagen immer bezweifeln. Dass es auch zu Ihren Thesen mögliche Zweifel gibt, zeigt keine mangelnde, sondern nur überhaupt die Qualität Ihrer Arbeit als juristisches Werk. Ihre Aufgabe war es nicht, unbezweifelbare Wahrheiten zu verkünden. Sie brauchten nur auf alle vernünftigen Zweifel einzugehen.[265] Wenn Sie das getan haben, können Sie Ihr Werk beruhigt abgeben und der Diskussion überantworten. Drittens ist die Entscheidung für das Ende letztlich willkürlich. Der richtige Zeitpunkt kann nicht exakt bestimmt, sondern nur gesetzt werden. Wenn Sie auf der Zielgeraden Ihrer Dissertation sind und überblicken können, dass Sie nur noch ca. drei Monate brauchen werden, dann sollten Sie ein fixes Datum für die Abgabe bestimmen. Dieses Datum dürfen Sie dann nicht mehr in Frage stellen. Sollten doch noch unerwartete Schwierigkeiten auftauchen, müssen Sie vielleicht noch ein paar Nachtsitzungen einschieben oder ein Wochenende durcharbeiten. Aber das Abgabedatum steht fest und Sie werden dankbar sein, wenn Sie sich selbst endlich die Dissertation aus den Händen reißen und sagen dürfen: Es ist vollbracht![266]

Bei der Abgabe ist eine vorläufige Abgabe von der endgültigen Einreichung der Dissertation zu unterscheiden. Es ist grundsätzlich sinnvoll, den Text nicht gleich in die Begutachtung zu geben, sondern erst eine vorläufige Einschätzung durch den Betreuer einzuholen, so dass Sie gegebenenfalls noch Nachbesserungen vornehmen können. Solch eine informelle Vorabgabe ist allerdings in den Promotionsordnungen nicht vorgesehen und wird auch nicht von allen Betreuern angeboten. Wenn Ihr

---

264 Zur von ihnen so bezeichneten „Abschlusskrise" einer Promotion *Fiedler/Hebecker*, Promotionskrisen und ihre Bewältigung, in: Günauer u. a. (Hrsg.), Promovieren mit Perspektive, 2. Aufl. 2012, S. 257, 262.
265 Dazu ausführlich oben, VI.3.c).
266 Joh. 19,30.

https://doi.org/10.1515/9783110986419-014

Doktorvater diesen Service nicht anbietet, sollten Sie Ihre Arbeit unbedingt von vergleichbar qualifizierten Fachleuten kritisch durchlesen lassen, bevor Sie die Dissertation unwiderruflich einreichen. Die wissenschaftliche Qualität wird nicht schon dadurch hinreichend gesichert, dass Ihre Eltern dem Text gute Lesbarkeit bescheinigen, und auch Ihre Freunde sind kaum hinreichend objektiv und regel mäßig ebenfalls nicht vergleichbar qualifiziert wie die späteren Gutachter im Promotionsverfahren. Sie sollten zumindest mehrere gute Kommilitonen finden oder einen Habiltanden an Ihrem Lehrstuhl bitten, die sich Ihre Arbeit einmal kritisch angucken.

Die formalen Voraussetzungen der Einreichung Ihrer Dissertation werden durch die Promotionsordnungen Ihrer Fakultät geregelt. Mit der Einreichung setzen Sie ein Prüfungs- und Verwaltungsverfahren in Gang, an dessen Ende Ihnen der Doktortitel verliehen wird. Regelmäßig werden zwei, gelegentlich sogar drei Gutachter Ihre Dissertation lesen und bewerten.[267] Der Erstgutachter ist dabei Ihr Doktorvater und der Zweitgutachter zumeist, aber nicht zwingend, ein anderes einschlägig ausgewiesenes Mitglied der Fakultät. Sie sollten frühzeitig mit Ihrem Doktorvater besprechen, wer als Zweitgutachter in Frage kommt. Wichtige Kriterien der Auswahl könnten für Sie die zu erwartende Dauer der Begutachtung oder das (wissenschaftliche) Renommee des Gutachters sein. Bestellt werden die Gutachter allerdings nicht von Ihnen, sondern von dem Dekan Ihrer Fakultät.[268]

Für die Begutachtung gibt es in der Regel keine fixen Fristen, sondern nur Zeitvorgaben (meist drei Monate bis ein halbes Jahr), die beachtet werden sollen.[269] Realistisch gesehen haben Sie leider keine Möglichkeit, die Gutachter zur Einhaltung dieser Vorgaben zu zwingen. In dieser Phase bringt auch das Einschalten einer Ombudsperson wenig, da ein angemahntes Gutachten eher nicht wohlwollend ausfallen wird. Bringen Sie daher rechtzeitig in Erfahrung, wie lange Ihre Doktormutter und der Zweitgutachter in der Regel für ihre Gutachten brauchen![270]

Liegen beide (positiven) Gutachten vor, wird die Dissertation mit den Gutachten öffentlich ausgelegt und der Dekan setzt Termin und Ort für den mündlichen Teil der Promotion fest. Spätestens mit der dann erfolgenden Ladung zu diesem

---

267 Eine Aufstellung der Verfahren an allen deutschen Fakultäten findet sich bei *Brandt*, Dr. Jur., S. 179 ff.

268 Der Zweitgutachter sollte als Außenstehender ein wirklich neutraler Gutachter sein und daher mit Ihnen und Ihrer Arbeit bislang noch wenig und nach Möglichkeit gar keinen Kontakt gehabt haben. Nur so ist eine einigermaßen objektive Beurteilung Ihrer Dissertation gewährleistet. Vgl. insofern auch Leitsätze 36 f. der Leitsätze der Staatsrechtslehrer (Fn. 227).

269 Nach Leitsatz 34 der Leitsätze der Staatsrechtslehrer (Fn. 227) ist eine Regelfrist von drei Monaten angemessen.

270 Für eine Anekdote in diesem Zusammenhang v *Münch/Mankowski*, Promotion, S. 5 f.

mündlichen Teil werden Sie auch Kenntnis von den Gutachten erhalten. Es gibt erhebliche Unterschiede, wie der mündliche Teil der Promotion ausgestaltet ist. Man unterscheidet grundsätzlich zwischen einer Disputation oder Defensio, bei welcher der Doktorand die Thesen seiner Dissertation in einer Diskussion verteidigt, einem Kolloquium, in dem die Doktorandin zunächst einen Vortrag über ein selbstgewähltes Thema hält, über das anschließend diskutiert wird, und einem Rigorosum, bei dem allgemein das juristische Wissen des Doktoranden streng geprüft wird.[271] Natürlich gibt es auch Mischformen dieser Prüfungsformate. Was genau von Ihnen gefordert wird, können Sie der Promotionsordnung Ihrer Fakultät entnehmen. In jedem Fall sollten Sie sich sorgfältig vorbereiten. Denn die Note der mündlichen Prüfung kann, insbesondere bei voneinander abweichenden Gutachten, entscheidend in die Gesamtnote einfließen.[272]

Die Notenstufen selbst weichen ab von der aus dem Studium gewohnten 18-Punkte-Skala. Es gibt stattdessen fünf oder sechs Notenstufen, die auf Latein formuliert sind. Als „insufficienter"[273] oder „non rite"[274] wird eine Dissertation abgelehnt, die den Anforderungen der Promotionsordnung nicht genügt. Ein „rite" erhält eine die rechtlichen Vorgaben ordentlich erfüllende Arbeit. Nicht überall üblich ist das Prädikat „satis bene", das in Anlehnung an die sonst übliche juristische Notenskala eine vollbefriedigende Arbeit auszeichnen soll.[275] Auch international gebräuchlich sind dagegen die traditionellen Prädikate „cum laude", „magna cum laude" und „summa cum laude", durch welche die Prüfungskommission dem Promovenden Lob, großes Lob oder gar höchstes Lob ausspricht. Die Praxis der Notenvergabe ist weit weniger einheitlich und zumeist auch weit weniger streng als bei den Staatsprüfungen. Die Vergleichbarkeit der Promotionsnoten ist daher in deutlich geringerem Maße gegeben. Sie sollten Ihre Note deshalb auch nicht so sehr mit anderen vergleichen als sich vielmehr an dem messen, was Ihre Gutachter mit der von ihnen vergebenen Note ausdrücken wollten. Bei mancher Doktormutter ist ein ernst gemeintes großes Lob mehr wert als das höchste Lob eines anderen, der sich überhaupt nur in Superlativen ausdrücken kann. Für Ihren weiteren Werde-

---

271 Siehe auch v. *Münch/Mankowski*, Promotion, S. 155 f.; ausführlich zur mündlichen Prüfung *Beyerbach*, Die juristische Doktorarbeit, Rn. 580 ff. (S. 248 ff.).

272 Vgl. beispielhaft die Regelung in § 24 der Promotionsordnung der Bucerius Law School, wo die Note der mündlichen Prüfung eine Art Stichentscheid bildet. Sonst geht die Note der mündlichen Prüfung in der Regel zu einem Viertel (vgl. § 17 Abs. 1 S. 2 jurPromO Universität Passau) oder 30 Prozent (vgl. § 19 Abs. 6 S. 3 jurPromO LMU; § 18 Abs. 6 lit. b) S. 2 jurPromO Universität Heidelberg) in die Gesamtnote ein.

273 z.B. § 13 Abs. 2 jurPromO Universität Passau.

274 z.B. § 5 PromO Bucerius Law School.

275 z.B. § 5 PromO Bucerius Law School; § 18 Abs. 3 lit. b) jurPromO Universität Heidelberg.

gang ist die Note Ihrer Promotion im Übrigen unerheblich, wenn Sie nicht in der Wissenschaft bleiben wollen. Dort allerdings ist zumindest ein „magna" vonnöten und Sie sollten daher frühzeitig einen entsprechenden Karrierewunsch mit Ihrem Doktorvater besprechen, damit Ihre Dissertation von Thema, Zuschnitt und Methodik auch eine realistische Chance hat, seinen Anforderungen an die notwendige Notenstufe zu genügen. Wichtig kann die Note auch bei der Publikation Ihrer Arbeit sein, da manche Schriftenreihen nur Arbeiten (ab) einer bestimmten Notenstufe aufnehmen.

XIV. Veröffentlichung

Mit dem mündlichen Teil sind die Prüfungen abgeschlossen. Gleichwohl dürfen Sie den Doktortitel erst (endgültig)[276] führen, wenn Sie eine weitere Leistung erbracht haben: Sie müssen Ihre Dissertation noch veröffentlichen[277] und eine bestimmte Anzahl an Pflichtexemplaren der Fakultät innerhalb eines gewissen Zeitraums abliefern. In den Einzelheiten gibt es erhebliche Unterschiede, so dass Sie wegen der genauen Vorgaben die Promotionsordnung Ihrer Fakultät konsultieren müssen. Generell kann man zwischen einem Druck in Eigenregie und der Veröffentlichung über einen Verlag unterscheiden.

Bei einem Druck in Eigenregie sind Sie für alle Produktionsschritte selbst verantwortlich und müssen sich nur an die Vorgaben Ihrer Promotionsordnung halten. Soweit Sie nicht von den Gutachtern die Auflage von Nachbesserungen für den Druck erhalten haben, können Sie also den Text Ihrer Dissertation nach Ihren Vorstellungen setzen und drucken. Sie können sich frei als Buchgestalter betätigen und Ihr Werk schließlich im nächsten Copyshop oder beim Buchbinder drucken lassen. Wieviel Aufwand die Veröffentlichung macht, hängt bei einem Druck in Eigenregie also ganz von Ihnen ab. Auch bei den Kosten sorgen die Promotionsordnungen nur insofern für eine gewisse Mindesthöhe, als sie regelmäßig eine Anzahl an Pflichtexemplaren bestimmen, die bei der Fakultät abzuliefern sind.[278] Die geforderte zumeist recht hohe Anzahl an Pflichtexemplaren rechtfertigt sich dadurch, dass die Dissertation der wissenschaftlichen Öffentlichkeit zugänglich gemacht werden soll. Bei einer in Eigenregie gedruckten Arbeit soll dies erreicht werden, indem die Fakultät Exemplare an die übrigen juristischen Fakultäten in Deutschland verschickt, so dass die neuen Erkenntnisse dort wahrgenommen werden können. Um die mit dem Druck und dem Versand verbundenen hohen Kosten zu sparen, haben manche Fakultäten den Druck in Eigenregie als mögliche Publikationsform abgeschafft und durch eine elektronische Veröffentlichung auf einem universitären Publikationsserver ersetzt.[279]

Eine geringere Anzahl an Pflichtexemplaren müssen Sie auch abliefern, wenn Sie Ihre Dissertation in einem gewerblichen Verlag veröffentlichen. Denn dann ist hinreichend gesichert, dass Ihr Werk auf den Buch- und damit auch auf den Markt

---

276 In der Regel wird Ihnen bei Vorlage eines Verlagsvertrags gestattet, den Doktortitel schon vorläufig zu führen.

277 u *Münch/Mankowski*, Promotion, S. 168 ff.; *Brandt*, Dr. jur., S. 159 ff.; *Beyerbach*, Die juristische Doktorarbeit, Rn. 597 ff. (S. 254 ff.).

278 z. B. 50 Exemplare gemäß § 29 Abs. 1 S. 1 jurPromO Göttingen; 55 Exemplare gemäß § 19 Abs. 3 lit. a jurPromO Heidelberg.

279 Siehe etwa § 21 Abs. 3 S. 3 Nr. 4 jurPromO LMU.

https://doi.org/10.1515/9783110986419-015

der Wissenschaften kommt. An Publikationsformen lassen sich allgemein die Veröffentlichung in einer Zeitschrift, in einer Schriftenreihe oder als einzelnes Buch unterscheiden. Die Veröffentlichung in einer Zeitschrift kommt heute wohl nur noch in der Rechtsgeschichte in Frage, da es außerhalb dieses Fachgebietes keine Zeitschriften mehr gibt, die so umfangreiche Beiträge publizieren. Am häufigsten erscheinen Dissertationen daher in einer sogenannten Schriftenreihe, von denen es eine große Anzahl gibt. Solche Schriftenreihen werden jeweils von einem oder mehreren Herausgebern geleitet und sind meist einem bestimmten Oberthema aus dem Forschungsgebiet dieser Herausgeber gewidmet. Sie sollten sich erkundigen, welche Schriftenreihe für Ihre Dissertation passt, und sich dann bei den Herausgebern um Aufnahme bewerben. Vielleicht gibt auch Ihr Doktorvater eine solche Schriftenreihe heraus? Einzige Aufnahmekriterien sind generell die thematische Einschlägigkeit und die wissenschaftliche Qualität der Arbeit. Letztere wird regelmäßig durch die Note der Promotion ausgewiesen; manche Schriftenreihen nehmen nur Arbeiten an, die mit „summa cum laude" bewertet wurden.

Da Schriftenreihen meist von den Universitätsbibliotheken abonniert werden und auch die Fachwissenschaft die für sie einschlägigen Schriftenreihen beobachtet, ist Ihrem Werk dort Aufmerksamkeit garantiert. Weniger werden Einzelveröffentlichungen wahrgenommen; hier müssten Sie gegebenenfalls selbst die Werbetrommel rühren. In jedem Fall aber kostet Sie die Veröffentlichung bei einem der traditionellen und etablierten Verlage etwas. Denn herkömmlich verlangen die Verlage einen Druckkostenbeitrag, da Dissertationen es in der Regel nicht in die Bestsellerlisten schaffen und sich ohne einen finanziellen Beitrag des Autors nicht rechnen würden. Die Höhe des geforderten Druckkostenbeitrags ist regelmäßig von der Seitenzahl abhängig; in der Höhe gibt es freilich große Unterschiede. Manche jüngeren Verlage bieten sogar eine Publikation ganz ohne Druckkostenbeitrag an. Die Finanzierung des Drucks müssen Sie freilich auch sonst nicht unbedingt alleine stemmen. Es gibt zahlreiche Stiftungen[280] und nicht zuletzt die VG Wort[281], die Stipendien für die Drucklegung vergeben. Machen Sie aber die Wahl des Verlags in keinem Fall ausschließlich vom Geld abhängig. Sie haben viel Zeit und Mühe in dieses Buch investiert und sollten nun nicht ausgerechnet beim Geld knausern. Es ist gut möglich, dass dies Ihr einziges Buch bleiben wird. Spätestens in ein paar Jahren werden Sie so stolz darauf sein, wie Ihr Werk es verdient. Es sollte dann auch äußerlich so präsentabel wie sein Inhalt sein!

---

280 Ein Überblick findet sich etwa bei https://www.mystipendium.de/stipendienverzeichnis/typ-stipendium/druckkosten.
281 https://www.vgwort.de/startseite.html.

Die Verlage unterscheiden sich schließlich wesentlich im Hinblick auf die von ihnen gebotene Unterstützung bei der Erstellung der Druckfassung bzw. die Vorgaben an Schriftbild, Gliederung, Zitierweise etc., die Sie einhalten müssen. Das Setzen eines Buches von mehreren hundert Seiten kann sehr aufwendig sein; durch ein sorgfältiges Vorgehen und die Nutzung von Formatvorlagen schon bei der Erstellung des ursprünglichen Manuskripts lässt sich hier viel Zeit sparen!

XV. Schluss und Ausblick

Wenn Ihr Werk gedruckt ist und Sie die Pflichtexemplare abgeliefert haben, wird der Dekan Ihre Promotionsurkunde ausfertigen. Mit Aushändigung dieser Urkunde entsteht Ihr (endgültiges) Recht, den Doktorgrad zu führen.[282] Sie haben nun den höchsten akademischen Grad erworben und Sie können und sollten stolz auf diese Leistung sein! Feiern Sie Ihr Werk und auch sich selbst. Als *doctor iuris*[283] stehen Sie in einer langen und ehrwürdigen Tradition der wissenschaftlichen Rechtspflege.[284]

Freilich werden die meisten frisch graduierten Doktoren nicht in der Wissenschaft bleiben, sondern sich nach Abschluss ihrer Studien endlich der Praxis zuwenden. Auch wenn der Doktortitel heute nicht mehr unbedingt die Noblesse des bürgerlichen Bildungsadels verleiht, gilt er doch immer noch als Ausweis besonderer Qualifikation, welche ihrerseits die Aussicht auf ein höheres Einkommen und bessere Karrierechancen eröffnet.[285] Ihre Alma Mater kann Sie also unbesorgt in die Welt der Praxis entlassen. Es bleibt ihr nur zu hoffen, dass Sie die Zeit an der Universität und besonders die Arbeit an Ihrer Dissertation in guter Erinnerung behalten. Wenn dieser Leitfaden dazu einen Beitrag leisten konnte, dann hat er seinen Zweck erfüllt!

---

282 Vgl. etwa § 21 jurPromO Universität Passau.

283 Die meisten Promotionsordnungen sehen keine Änderung der lateinischen Bezeichnung des Doktortitels bei Frauen vor. Dies hat im Wesentlichen historische Gründe, da es im Mittelalter an den Universitäten keine Frauen und damit auch keine Lehrenden (*doctores*) gab. Sprachlich korrekt als Bezeichnung für eine Doktorin wäre *doctrix* (nicht etwa *doctora*), für das sich Belege etwa schon bei Augustinus oder schon früher bei Vergil finden lassen. Die Promotionsordnungen lassen sich wohl in der Regel so auslegen, dass die Doktorurkunden auch auf eine *doctrix iuris* ausgestellt werden können (ein Anspruch hierauf soll nach einem *obiter dictum* des VG Hannover, Urt. v. 22.03. 2000 – 6 A 1529/98 freilich nicht bestehen).

284 Einführend zur Geschichte der Promotion v. *Münch*, JURA 2007, 495 f.

285 Dazu zuletzt mit empirischen Belegen *Kilian*, JuS 2017, 187 ff.

https://doi.org/10.1515/9783110986419-016

Anhang

A. Literaturhinweise

I. Promotionsleitfäden

1. Allgemein

Franck, Das Promotionshandbuch, 2. Aufl. 2021
Günauer, u.a. (Hrsg.), GEW-Handbuch Promovieren mit Perspektive, 3. Aufl. 2021
Gunzenhäuser/Haas, Promovieren mit Plan, 4. Aufl. 2019
Knigge-Illner, Der Weg zum Doktortitel, 3. Aufl. 2015
Nünning/Sommer (Hrsg.), Handbuch Promotion, 2007
Stock, u.a. (Hrsg.), Erfolgreich promovieren, 3. Auf. 2014
Wergen, Promotionsplanung und Exposee, 3. Aufl. 2019

2. Spezifisch für Juristen

Beyerbach, Die juristische Doktorarbeit, 4. Aufl. 2021
Brandt, Dr. Jur. – Wege zu einer erfolgreichen Promotion, 2018
Klippel, Die rechtswissenschaftliche Dissertation: Eine Anleitung, 2020
v. Münch/Mankowski, Promotion, 4. Aufl. 2013

II. Anleitungen zum (wissenschaftlichen) Schreiben

1. Allgemein

Abel, Anfangen statt Aufschieben!, 2022
Breuer/Güngör/Riesenweber/Klassen/Vinnen (Hrsg.), Wissenschaftlich schreiben – gewusst wie! – Tipps von Studierenden für Studierende, 2. Aufl. 2021
Balzert/Schröder/Schäfer (Hrsg.), Wissenschaftliches Arbeiten, 2. Aufl. 2013
Eco, Wie man eine wissenschaftliche Abschlussarbeit schreibt, 14. Aufl. 2020
Esselborn-Krumbiegel, Tipps und Tricks bei Schreibblockaden, 2. Aufl. 2020
Esselborn-Krumbiegel, Richtig wissenschaftlich schreiben, 7. Aufl. 2022
Franck, Handbuch wissenschaftliches Schreiben, 2. Aufl. 2022
Franck/Stary (Hrsg.), Die Technik wissenschaftlichen Arbeitens, 17. Aufl. 2013
Kornmeier, Wissenschaftlich schreiben leicht gemacht, 9. Aufl. 2021
Kruse, Keine Angst vor dem leeren Blatt: Ohne Schreibblockaden durch das Studium, 12. Aufl. 2007
Lück/Henke, Technik des wissenschaftlichen Arbeitens, 10. Aufl. 2014
Riedenauer/Tschirf, Zeitmanagement und Selbstorganisation in der Wissenschaft, 2. Aufl. 2022
Silvia, How to Write a Lot: A Practical Guide to Productive Academic Writing, 2. Aufl. 2018
Voss, Wissenschaftliches Arbeiten, 8. Aufl. 2022

https://doi.org/10.1515/9783110986419-017

Wolfsberger, Frei geschrieben, 5. Aufl. 2021
Wymann, Der Schreibzeitplan – Zeitmanagement für Schreibende, 2. Aufl. 2021

2. Spezifisch für Juristen

Byrd/Lehmann, Zitierfibel für Juristen, 2. Aufl. 2016
Forstmoser/Ogorek/Schindler, Juristisches Arbeiten, 6. Auflage, 2018 (für Schweizer Studenten geschrieben, aber auch in Deutschland gut zu verwenden)
Hoffmann, Deutsch fürs Jurastudium, 3. Aufl. 2020
Klaner, Richtiges Lernen für Jurastudenten und Rechtsreferendare, 5. Aufl. 2014
Putzke, Juristische Arbeiten erfolgreich schreiben, 7. Aufl. 2021
Möllers, Juristische Arbeitstechnik und wissenschaftliches Arbeiten, 10. Aufl. 2021
Walter, Kleine Stilkunde für Juristen, 3. Aufl. 2017

B. Internetressourcen

I. Promotionsleitfäden

1. Juristische Lehrstühle

Professor Michael Kort, Augsburg:
https://www.uni-augsburg.de/de/fakultaet/jura/lehrende/kort/promotion/ (Anleitungen zum Anfertigen wissenschaftlicher Arbeiten; zu Sprache und Stil einer Dissertation; und zu Form und Sprache einer Dissertation)
Professor Anna Leisner-Egensperger, Jena:
https://www.rewi.uni-jena.de/rewimedia/ls-egensberger/expose.pdf (Anleitung für ein Exposé)
Prof. Martin Nettesheim, Tübingen:
https://www.jura.uni-tuebingen.de/professoren_und_dozenten/nettesheim/promotionen/HinweisefuerPromotion.pdf (knappe, aber hilfreiche Hinweise für Doktorandinnen und Doktoranden)
Prof. Frank Schorkopf, Göttingen:
https://www.uni-goettingen.de/de/vademecum+%283.+aufl.%29%3b+handreichung+zur+anfertigung+wissenschaftlicher+arbeiten/443402.html (60seitiges Vademecum zur Anfertigung rechtswissenschaftlicher Texte)
Prof. Jens-Peter Schneider, Freiburg:
https://www.jura.uni-freiburg.de/de/institute/imi2/Forschung/leitfaden-zur-dissertation-stand-10.02.2012.pdf (12seitiger Leitfaden)

2. Universitäten

Promotionsleitfaden der Rechts- und Wirtschaftswissenschaftlichen Fakultät an der Universität Bayreuth:
https://www.rw.uni-bayreuth.de/_pool_fakultaet/dokumente/Promotionsleitfaden_RW_Oktober_2022.pdfZahlreiche Downloads mit Informationen zum wissenschaftlichen Arbeiten:
https://pruefungsamt.jura.uni-halle.de/downloads/

II. Stipendienplattformen

Stipendiensuchmaschine und Tipps zur Stipendienbewerbung:
    https://www.mystipendium.de/
Online – Stipendium sowie Informationen zu unterschiedlichen Stipendien und zur Bewerbung:
    https://www.e-fellows.net/
Arbeitsgemeinschaft der Begabtenförderungswerke:
    http://www.stipendiumplus.de/startseite.html
Stipendienplattform für ausländische Promovenden:
    https://www.daad.de/deutschland/stipendium/datenbank/de/21148-stipendiendatenbank/
Deutsches Stiftungszentrum:
    https://www.deutsches-stiftungszentrum.de/foerderung/index.html

III. Linksammlungen

Sammlung des Fachbereichs Rechtswissenschaft der Universität Trier:
    https://www.uni-trier.de/index.php?id=14225
Allgemeine Linksammlung der LMU München:
    https://www.graduatecenter.uni-muenchen.de/links/index.html

IV. Regeln guter wissenschaftlicher Praxis

Empfehlungen „Sicherung guter wissenschaftlicher Praxis" der DFG:
    https://www.dfg.de/download/pdf/foerderung/rechtliche_rahmenbedingungen/
    gute_wissenschaftliche_praxis/empfehlung_wiss_praxis_1310.pdf
Grundsätze guter wissenschaftlicher Praxis für dss Verfassen wissenschaftlicher Qualifikationsarbeiten
    des Allgemeinen Fakultätentags, der Fakultätentage und des Deutschen Hochschulverbands:
    https://www.uni-heidelberg.de/md/zentral/einrichtungen/verwaltung/innenrevision/
    gute_wiss._praxis_fakultaetentage.pdf
Leitsätze „Gute wissenschaftliche Praxis im öffentlichen Recht" der Vereinigung der deutschen
    Staatsrechtslehrer:
    https://www.vdstrl.de/app/download/8996052397/Leits%C3%A4tze.pdf?t=1390477014
Leitlinien der Zivilrechtslehrervereinigung zur guten wissenschaftlichen Praxis für Publikationen:
    http://www.zivilrechtslehrervereinigung.de/fileadmin/PDF/Leitlinien/Allgemeine_Regeln_guter_wis
    senschaft_Praxis_der_ZLV_fuer_Publikationen.pdf
Kriterien der Zivilrechtslehrervereinigung für die Beurteilung wissenschaftlicher Leistungen auf dem
    Gebiet des Zivilrechts:
    http://www.zivilrechtslehrervereinigung.de/fileadmin/PDF/Leitlinien/Qualitaetskriterien_fuer_die_
    Beurteilung_wissenschaftlicher_Leistungen.pdf
Beispielhafte Satzung der Universität Passau zur Sicherung guter wissenschaftlicher Praxis und für
    den Umgang mit wissenschaftlichem Fehlverhalten:
    https://www.uni-passau.de/fileadmin/dokumente/beschaeftigte/Rechtsvorschriften/
    sonstige_Vorschriften/Satzung_wissenschaftliches_Fehlverhalten.pdf

V. Sonstiges

Tipps für die Promotion von Professor Knoche der LMU München:
    https://www.jura.uni-muenchen.de/personen/k/knoche_joachim/promotion.html
Wegweiser für den Ablauf einer Promotion:
    https://www.hochschulkompass.de/promotion.html
Umfangreicher Leitfaden für Doktorierende der Schweizer Universitäten:
    https://www.gleichstellung.uzh.ch/dam/jcr:00000000-5061-8a4d-0000-00006101fa82/Erfolgreich_
    promovieren_2015.pdf
Wissenswertes und Forum zu Doktorarbeit und Promotion:
    https://doktorandenforum.de/index.htm
Allgemeiner Ratgeber rund um die Promotion:
    https://www.academics.de/ratgeber/vorbereitung-promotion
Stellenportale für Lehre und Forschung:
    https://www.academics.de
    https://akademischestellen.com/?a=announcements&q=
Für schwierige Fälle von Orthografie und Zeichensetzung:
    https://www.uni-due.de/ios/sw_schreibwerkstatt
Literaturempfehlungen der HU Berlin zur Promotion:
    https://www.hu-berlin.de/de/promovierende/netzwerke/Leseliste.pdf
von Aleman, Ulrich, Das Exposé, Ja, mach nur einen Plan...:
    https://www.phil-fak.uni-duesseldorf.de/politik/Mitarbeiter/Alemann/aufsatz/01_expose2001.pdf
Schröder, Rainer/Klopsch, Angela, Der juristische Doktortitel,
    https://www.rewi.hu-berlin.de/de/lf/oe/hfr/deutsch/2012 – 04.pdf
Praktische Ratgeber für Sozialversicherungsfragen während der Promotionsphase und für
    Vereinbarkeit von Familie und wissenschaftlicher Qualifizierung:
    https://www.gew.de/wissenschaft/promotion/?&FE_SESSION_KEY=
    0642f052f0c8a73a4e1f5d478d963147-d3f4c94f0583a37ff80fe32744e50a90

Register

https://doi.org/10.1515/9783110986419-018

www.ingramcontent.com/pod-product-compliance
Lightning Source LLC
Chambersburg PA
CBHW070355200326
41518CB00012B/2240